Sonja Kreye

# mini-handbuch Profitables Coaching-Business

POSITIONIERUNG – KUNDENGEWINNUNG – VERKAUFSSTRATEGIEN



BELTZ

## Über die Autorin:

SONJA KREYE ist Business-Mentorin für ein profitables Coaching-Business. Mit ihren Programmen »Coaching Business Mastery« und »High Performance Coaching« hat sie bereits über 400 Coaches dabei geholfen, mehr Bekanntheit und mehr Kunden zu gewinnen. Die Beraterin kann auf jahrelange Erfahrung in der Beratung großer Marken der Automobilindustrie zurückgreifen. Darüber hinaus hat Kreye Profi-Rennsportler aus der Formel 1 zu den Themen Vermarktung und PR beraten.



FSC www.fsc.org MIX Papier aus verantwortungsvollen Quellen FSC® C089473

Dieses Buch ist auch erhältlich als:
ISBN 978-3-407-36710-5 Print
ISBN 978-3-407-25854-0 E-Book (PDF)

1. Auflage 2020


in der Verlagsgruppe Beltz · Weinheim Basel
Werderstraße 10, 69469 Weinheim


Lektorat: Julia Zubcic
Umschlagillustration: Jonathan Bachmann

Herstellung: Michael Matl
Satz: publish4you, Engelskirchen
Druck und Bindung: Beltz Grafische Betriebe, Bad Langensalza
Printed in Germany

Weitere Informationen zu unseren Autoren und Titeln finden Sie unter:
www.beltz.de

# Inhaltsverzeichnis

# Vorwort Hermann Scherer

Wenn Sie dieses Buch in den Händen halten, haben Sie eine Entscheidung getroffen. Die Entscheidung, dass Sie Ihr Coaching-Business – egal ob Sie sich noch im Gründungsstadium befinden oder bereits einige Jahre als Coach aktiv sind – profitabel machen wollen. Lange wurde hinter vorgehaltener Hand selbst von Coaching-Verbänden und Ausbildungs-Instituten gemunkelt, dass es nicht möglich sei, mit Coaching ein profitables Business aufzubauen. Nicht nur ich selbst weiß es besser. Von der WirtschaftsWoche als ›einer der besten Coaches in Deutschland‹ ausgezeichnet, habe ich zwar noch andere Standbeine als das reine Coaching. Ohne Coaching wäre aber auch mein Business nicht das, was es heute ist: Mein Lebenswerk, das mir täglich Freude bereitet, in dem ich mich selbst verwirklichen kann und das mir ein grandioses Wachstum ermöglicht.

Um ein solches Business aufzubauen, führt heute kein Weg mehr daran vorbei, nicht nur offline, sondern vor allem auch online Kunden zu gewinnen und zu coachen.

Sonja Kreye war vor einigen Jahren diejenige, die mir den ersten Schritt in diese Online-Welt – ins Online-Coaching und Online-Marketing – gezeigt hat. Ich kann mich noch sehr gut erinnern: Eine Frau, die, ähnlich wie ich damals, als ich das verschuldete Unternehmen meines Vaters übernahm, aus ihrer scheinbar ausweglosen Situation im Kind-Karriere-Dilemma die Flucht nach vorne antrat und sich ein Business nach ihren eigenen Regeln gestaltete. Von zu Hause aus. Mittlerweile sogar mit zwei Kindern, Halbtagsjob und stetig wachsenden Umsätzen.

Sonja Kreye hat für mich gezeigt, dass der Unterschied zwischen Erfolg und Misserfolg einmal mehr im ›einfach machen‹ liegt. Dass es ein weiteres Mal davon abhängt, Chancen, die sich auftun, einfach zu ergreifen, anstatt lange darüber zu grübeln.

Mit diesem Buch halten Sie eine Anleitung in der Hand, wie auch Sie Ihr Coaching-Business profitabel machen könnten. Dafür dürfen Sie sich zunächst als Unternehmer sehen anstatt als Coach und dann dem vorgegebenen Weg von Sonja Kreye folgen. Und wenn Sie wirklich sicherstellen wollen, dass es klappt mit Ihrem profitablen Coaching-Business, dann gönnen Sie sich eine weiterführende Zusammenarbeit mit Sonja Kreye. Dann sehen Sie die Verschmelzung von Online- und Offline-Coaching in Perfektion.

Viel Erfolg bei der Umsetzung wünscht Ihnen Ihr
Hermann Scherer

# Prolog: Coaching – einzigartige Chance oder brotlose Kunst?

Können Sie mit Coaching ein profitables Business aufbauen? Oder haben Ihre Freunde, Bekannten und Verwandten Recht, dass das eine brotlose Kunst ist und Sie doch in einer Festanstellung besser aufgehoben wären oder Ihren Schwerpunkt auf Beratung und Training legen sollten?

Coaches gibt es wie Sand am Meer. Zumindest bekommen Sie ganz schnell dieses Gefühl, wenn Sie sich in die Filterblasen der Sozialen- und Online-Medien begeben. Schließlich ist der Begriff Coach nicht geschützt und von der Finanz-Beraterin bis zum Heiler kann sich jeder Coach nennen.

Schnell kommen daher Zweifel auf: Können Sie vom Coaching leben? Können Sie aus der Masse der Coaching-Anbieter hervorstechen? Oder sollten Sie Ihr Coaching-Business nicht wie viele andere Coaches eher nebenbei betreiben? Beispielsweise neben der Trainings- oder Beratungstätigkeit, womit der Löwenanteil des Umsatzes erwirtschaftet wird?

Ein profitables Coaching-Business aufzubauen und die Vorteile, die es verspricht, zu nutzen – wie Orts- und Zeitunabhängigkeit, sowie größtmögliche Vereinbarkeit mit der Familie – ist möglich. Die Zeiten waren nie besser, denn die Möglichkeiten, um die Zielkunden zu erreichen, waren nie größer und einfacher zu nutzen. Gerade über die Online-Medien liegt Ihnen mehr oder weniger die ganze Welt zu Füßen. Natürlich hat die Welt nicht auf Sie und Ihr Coaching gewartet. Aber sie braucht Sie dringend, denn nie war der Bedarf an Coaching, in dieser sich immer schneller verändernden Welt, größer.

Dieses Buch gibt Ihnen die Werkzeuge an die Hand, die Sie brauchen, um den Verkauf Ihres Coachings zu professionalisieren. Ich weiß – Ihre Zielsetzung ist es zu coachen. Das ist mehr als verständlich. Jeder Handwerker möchte nach erfolgter Ausbildung vor allem sein Handwerk erbringen. Aber vor jeder Dienstleistung gilt es nun mal, diese zunächst zu verkaufen.

Meine Bitte daher an Sie: Professionalisieren Sie den Verkaufsprozess Ihres Coachings und coachen Sie dann, was das Zeug hält. Je mehr zufriedene Coachees Sie haben, umso schneller bauen Sie Ihr Business auf und umso mehr werden Sie weiterempfohlen. So lange bis Sie wirklich nichts anderes mehr tun als: coachen.

Ich wünsche Ihnen dabei viel Erfolg!

Ihre
Sonja Kreye

# Hintergrund: Warum Sie mir so wichtig sind

Noch bis zum Jahr 2013 hatte ich das Wort »Coaching« zwar sicherlich schon mal gehört, aber keine Ahnung davon, was dahintersteckte. Zu dieser Zeit steckte ich mitten in einer Lebens-, Karriere- und Sinnkrise. Gefühlt war ich nur wenig zuvor noch, zwischen Reich und Schön im Formel-1 Fahrerlager, mittendrin im Leben. Als eine von wenigen Frauen im Motorsport-Zirkus hatte ich zum Beispiel für Bernie Ecclestone den Großen Preis in Hockenheim organisiert, den Formel-1 Grand Prix in Schanghai beraten, war mit Porsche und Audi im internationalen Langstrecken-Rennsport unterwegs und habe PR für Rennfahrer wie Timo Glock gemacht. Ich hatte Senator-Status bei der Lufthansa und wurde für diesen – nach außen hin – absoluten Traumjob bewundert.

Doch das änderte sich, als ich im Flieger von Schanghai nach Frankfurt meinen Mann kennenlernte. Wir gründeten eine Familie und ich wusste, dass ich nicht mehr jedes zweite Wochenende unterwegs sein wollte. Zumal ich der Motorsport-Szene überdrüssig geworden war und spürte, dass ich mehr Sinn in meinem Leben wollte. Dennoch war der Schritt in die Krise nur klein. Ich suchte nach etwas Neuem. Etwas, bei dem das Muttersein nicht automatisch bedeuten würde, für die Hälfte der Arbeitszeit dann auch noch nur die Hälfte des Geldes zu verdienen.

Im Coaching-Business fand ich, wonach ich suchte. Anderen weitergeben, was ich in der Formel-1 und im Motorsport gelernt hatte: Selbstvermarktung, Kundengewinnung, Expertenstatus-Aufbau – am besten ortsunabhängig und online.

Die ersten zwei Jahre ging es mir wie den meisten Coaches da draußen: stets mit einem Bein kurz vor dem Schritt in die Pleite. Viel zu viel Arbeit, viel zu viel Selbstvermarktung, viel zu wenig Umsatz.

Ich scheiterte an zu hohen Investitionen und meinem Perfektionismus.

In dieser Zeit wurde mir eines klar: Ohne Coaching wäre ich an dieser Krise zerbrochen. Es waren Coaches, die mir halfen, mein Business auf die Erfolgsspur zu bringen, es war ein Coach, der dafür sorgte, dass ich heute immer noch mit meinem Mann verheiratet bin und es sind zwei Coaches, die mich auch heute noch unterstützen, wenn es gilt, mein wachsendes Business mit der Familie zu vereinbaren und Zweifel, Rückschläge und Niederlagen schnell wieder wegzustecken.

Ich kann aus tiefstem Herzen sagen, dass ich ohne Coaching heute nicht da stünde, wo ich bin, und ich bin davon überzeugt, dass das Leben eines jeden Menschen durch Coaching besser wird und dass Coaching in Deutschland zu einem Must-have werden sollte, anstatt weiterhin das Dasein eines Luxusgutes zu fristen.

Meine Mission ist es, Coaches wie Ihnen dabei zu helfen, genau das im deutschsprachigen Raum zu erreichen. Raus aus dem Image, dass ein Coaching notwendig ist, ›wenn was mit jemandem nicht stimmt‹, hin zur Akzeptanz, dass ich mit Coaching mein Ziel leichter und einfacher erreiche.

Die Schwierigkeit besteht nun darin, Coaching authentisch, ehrlich und auf Augenhöhe zu verkaufen. Vielen Coaches ist noch gar nicht bewusst, was sie mit ihrer Dienstleistung bewirken. Das liegt an der oftmals fehlenden Messbarkeit, weshalb sich viele Coaches scheuen, überhaupt ein Ergebnis ihrer Dienstleistung in Aussicht zu stellen. Aber ohne Ergebnis geht es nicht. Um Ihr Coaching-Business profitabel zu machen, dürfen Sie vom Coach zum Unternehmer werden. Wie Sie das tun, erfahren Sie in diesem Buch.

Die in diesem Buch verwendeten Showcases entstammen – sofern nicht anders ausgewiesen – meiner Beratungspraxis.

# Kapitel 1

## Austauschbar oder einzigartig?

# Was bedeutet profitables Coaching?

Dass der Coaching Markt sowohl in Deutschland als auch weltweit so wenig durchsichtig ist, wie der dickste Novembernebel wissen Sie sicherlich bereits selbst. Laut der Marburger Coaching-Studie aus dem Jahr 2016 gibt es 9.000 professionelle Business-Coaches in Deutschland (Stephan/Rötz 2018). Es ist anzunehmen, dass diese Zahl bis 2020 auf 10.000 steigen wird.

Auf der Social-Media-Plattform XING Coaches + Trainer sind jedoch über 50.000 Menschen angemeldet, die Coach sind, als Coach wahrgenommen werden oder sich selbst als Coach bezeichnen. Das hat nichts mit Hochstapelei zu tun. In den meisten Fällen geschieht das sicherlich nicht, weil die selbst ernannten Coaches jemanden täuschen wollen. Vielmehr liegt es daran, dass die Eintrittsbarrieren in den Coaching-Markt gering sind, das Coaching-Business hochattraktiv und Coaching selbst ein Mega-Trend ist. Und dennoch: Von den Teilnehmern an der Marburger Coaching-Studie – also den professionellen Business-Coaches – können gerade einmal 8 % allein vom Coaching leben. Nur 31 % davon bezeichnen sich selbst als Spezialisten, während sich 69 % als Generalisten sehen.

Die Coaching-Umfrage von Jörg Middendorf kommt zu ähnlichen Ergebnissen. Der Anteil von Coaching an allen Tätigkeiten der befragten Business Coaches beträgt nur zwischen 29,7 % (Männer) und 32,1 % (Frauen). Über den Markt der Coaches, die hauptsächlich mit Privatpersonen arbeiten, gibt es keine verlässlichen Zahlen, außer dem erkennbaren Trend, dass selbst Coaching zunehmend von selbstzahlenden Privatpersonen beansprucht wird (Middendorf 2017/2018).

Wenn Sie ein kleines Experiment wagen wollen, loggen Sie sich einmal kurz auf Facebook ein und klicken Sie auf eine meiner Anzeigen. Sie werden in den nächsten vier Wochen einen Eindruck davon erhalten, was in der Coaching-Szene abgeht, die über die 9.000 Business-Coaches hinaus in den letzten Jahren entstanden ist, denn durch diesen Klick auf eine Anzeige werden Sie von Facebook in den nächsten Tagen und Wochen von Anzeigen überhäuft werden, die Ihnen schnellen Reichtum versprechen, wenn Sie nur dieser einen Methode folgen. Nein, nicht von mir, sondern von zahlreichen Anbietern, die Sie – indem Sie auf meine Anzeige geklickt haben – als Coach identifizieren und Sie somit zum hochattraktiven Zielobjekt auserkoren haben.

Coaching ist ein Mega-Trend und auch wenn viele Coaches da draußen gar keine ausgebildeten Coaches sind, werden zumindest die Coaches mit Kunden von ebendiesen zu Coaches gemacht.

In den sozialen Medien wird Coaching zudem als ein Traum-Business dargestellt. Ein Coach kann – zumindest, wenn er oder sie auch online coacht – von überall aus arbeiten und sich noch dazu die Zeit, die er oder sie arbeitet, völlig frei einteilen. Soweit die Theorie.

In der Praxis arbeiten viele ausgebildete und zertifizierte Coaches oftmals in Coaching-Pools größerer Unternehmen oder unterhalten ihr Coaching-Angebot nur am Rande, neben ihrer Trainer- und Beratertätigkeit und haben darüber in den meisten Fällen auch Anwesenheitspflicht.

Aber auch diese Coaches, Berater und Trainer spüren den Trend zum Online-Coaching und wünschen sich oftmals, der Zeit-gegen-Geld-Falle zu entkommen, weniger zu reisen und orts- und möglichst zeitunabhängig zu arbeiten. Unter ihnen viele, die über ein Coaching-Business Karriere und Familienplanung vereinbaren wollen. Damit verbunden ist die Frage, wie man Familie und Karriere vereinbaren kann, ohne dass die begrenzte Arbeitszeit gleichzeitig auch ein Einbruch in Umsatz und Profit bedeutet. Vor allem in der Online-Variante ist das Coaching-Business in diesem Fall eine sehr attraktive Lösung.

Sehr viele Menschen in der Lebensphase zwischen 30 und 45 stellen sich daher die Frage, was sie anderen weitergeben können und wie sie sich damit ein Coaching-Business aufbauen können. Nun entspricht diese Definition des ›Weitergebens‹ eher dem Beruf eines Trainers, aber in der Konsumentenwelt wird das, wie bereits beschrieben, nicht so wahrgenommen. Somit ist es sicherlich nicht verwunderlich, dass die Zahl der Coaches in Deutschland so groß ist.

In diesem Buch mache ich keinen Unterschied zwischen ausgebildeten und/oder zertifizierten Coaches und Coaches, die durch ihre Zielkunden zu solchen geworden sind, aus dem Grund, dass die Gesetzmäßigkeiten, um sich mit Coaching ein profitables Business aufzubauen, die gleichen sind.

## Business-to-Business oder Business-to-Consumer?

In Kreisen ausgebildeter und/oder zertifizierter Coaches, also beispielsweise bei Veranstaltungen von Coaching-Verbänden, ist die verbreitete Meinung häufig immer noch, dass der Aufbau eines profitablen Coaching-Business nur Business-to-Business – also mit der Zielsetzung Unternehmenskunden zu bedienen – möglich ist. Schließlich sind Coaching-Methoden in vielen großen Unternehmen etabliert, viele Unternehmen setzen auf Coaching und haben ein Coaching-Budget und die nötigen Ressourcen, um Coaches angemessen zu bezahlen.

Durch die Neuen Medien, also durch Internet und soziale Medien, ist es heute jedoch möglich, auch mit der Zielgruppe der Selbstzahler ein profitables Coaching-Business aufzubauen. Oftmals sogar profitabler als es mit einer B2B-Zielgruppe jemals möglich wäre. Zahlreiche, mittlerweile einem großen Publikum bekannte Coaches wie Tobias Beck, Hermann Scherer, Laura Malina Seiler und

Veith Lindau zeigen, was mit einem modernen Coaching-Business möglich ist. Vor allem, wenn der Coach die Möglichkeiten des Online-Coachings nutzt und sich über die noch weithin verbreitete Konvention hinwegsetzt, dass Coaching immer persönlich stattfinden muss.

Gleichzeitig realisieren viele der Coaches, die hauptsächlich über Coaching-Pools in großen Unternehmen arbeiten, dass sie durch die Abhängigkeit zu ihrem Auftraggeber eher zu den Freiberuflern, denn zu den Unternehmern gehören. Ihr Gestaltungsspielraum für das eigene Coaching-Business ist klein, Tagessätze sind gedeckelt und Coaching-Zeiten festgelegt. Hinzu kommt, dass nach der Beauftragung durch ein großes Unternehmen in den meisten Fällen die Zeit fehlt, um weitere Kunden für die Zeit nach Abarbeitung des großen Auftrags zu akquirieren. So wird das Coaching-Business in vielen Fällen zu einem ständigen Auf und Ab. Nicht nur im Hinblick auf Umsatz, Gewinn und Profitabilität, sondern vor allem auch im Hinblick auf die Work-Life-Balance.

So ist es wenig verwunderlich, dass auch viele etablierte B2B-Coaches immer wieder nach Wegen suchen, um neue Kunden zu gewinnen – gerne auch aus dem Selbstzahlermarkt – und sich über die Möglichkeiten des Online-Coachings informieren. Der Selbstzahlermarkt lockt mit der Aussicht auf mehr, bis hin zu unbegrenzter zeitlicher und örtlicher Flexibilität bei gleichzeitig ebenso unbegrenzten Wachstumsmöglichkeiten.

## AN WEN SICH DIESES BUCH RICHTET

Dieses Buch richtet sich an Coaches, die sich ein profitables Coaching-Business aufbauen wollen und über den Tellerrand der Coaching-Pools großer Unternehmen hinausschauen.

Wenn es Ihr Ziel ist, die Mitarbeiter großer Konzerne zu coachen und in die jeweiligen Coaching-Pools aufgenommen zu werden, sollten Sie Mitglied in einem der etablieren Coaching-Verbände in Deutschland werden, Kontakt aufnehmen mit den Coaches, die bereits in Coaching-Pools sind und diese um Empfehlungen bitten.

80,3 % der Unternehmen, die in der Marburger Coaching-Studie von 2016 befragt wurden, setzen auf Empfehlungen und Meinungen aus dem eigenen Netzwerk. 41 % sprechen mit den Coaches im eigenen Coaching-Pool, wenn es darum geht, weitere Coaches zu finden. Mehrfachnennungen waren – wie Sie sehen – möglich. Es lohnt sich also in diesem Fall aktiv zu netzwerken und insbesondere mit Geschäftsführerinnen und Geschäftsführern in Kontakt zu kommen, denn in 42,6 % der Unternehmen entscheidet die Geschäftsführung über die Beauftragung von Coaches.

Als wirksame Marketing-Maßnahme sollten Sie bei dieser Zielsetzung auf Gastartikel in Fach- oder Praktiker-Zeitschriften und auf das Schreiben eines Fachbuchs setzen. Nur diese Maßnahmen kamen auf eine nennenswerte Berücksichtigung, wenn Unternehmen selbst auf die Suche nach geeigneten Coaches für ihren Pool gehen.

Dieses Buch geht darüber hinaus und richtet sich sowohl an Coaches, die die direkte Beauftragung durch Unternehmen anstreben (also außerhalb der Coaching-Pools) als auch an Coaches, die hauptsächlich oder nebenbei mit Selbstzahlern arbeiten wollen und somit zeitliche und örtliche Flexibilität anstreben. Es richtet sich an Coaches, die dafür bereit sind, neue Wege zu gehen. Es bietet ein neues Mindset, neue Coaching-Angebote und vor allem auch neue Wege der Kundenansprache und neue Technik-Tools, die dazu benötigt werden.

MINDSET MOMENT: ENTSCHEIDUNG FÜR DEN FOKUS AUF COACHING

Die erste Voraussetzung für Ihr Ziel, Ihr Coaching-Business profitabel zu machen, ist es, sich für den Fokus auf Coaching zu entscheiden. So verständlich es ist, dass Coaching oftmals nur eine Nebenrolle im Trainer- und Berater-Business spielt, so wenig wird es Ihnen gelingen, aus Coaching Ihren Hauptumsatz zu generieren, wenn es weiterhin nur diese Nebenrolle bekommt. ›Where focus goes, energy flows‹ – so ein berühmtes Zitat des bekannten Coaches Anthony Robbins. Worauf Sie sich fokussieren, dorthin fließt Ihre Energie und dort erreichen Sie auch Ergebnisse. Wenn Ihr Herz für Coaching schlägt und Sie sich ein Business erarbeiten wollen, in welchem Sie weniger reisen und weniger von großen Auftraggebern abhängig sind, dann treffen Sie zuerst diese Entscheidung für sich.

## Wie Coaching vom Nice-to-have zum Must-have wird: Ergebnisse

Gerade wenn es darum geht, Coaching an selbstzahlende Kunden – also Business-to-Consumer – zu verkaufen, dürfen Sie mit einigen Konventionen brechen, die Sie eventuell sogar in Ihrer Coaching-Ausbildung gelernt haben: Sie dürfen Ihr Coaching mit einem Ergebnis verbinden.

Das heißt nicht, dass Sie Garantien geben müssen, ein konkretes Ziel mit Ihrem Coachee zu erreichen. Aber Sie dürfen klarstellen, was durch das Coaching mit Ihnen erreicht werden kann. Also *kann*, anstatt *muss*. Es spielt dabei keine Rolle, ob es Ihr Ziel ist, direkt mit kleinen oder mittelständischen Unternehmen zu arbeiten oder mit Privatpersonen. Außer Großkonzernen, die Coaching als Methode über ihre Coaching-Pools einsetzen und wissen, was sie davon erwarten dürfen, ist niemand bereit für etwas zu bezahlen, was eventuell und vielleicht irgendwann einmal zu einem undefinierten Ziel führt.

Es gilt für Sie, ein Ergebnis Ihres Coachings zu definieren. Vor diesem Ergebnis schrecken jedoch viele Coaches zurück. Schließlich ist Coaching darauf ausgelegt, dass Ihr Coachee die Lösung aus sich heraus entwickelt. Wie können Sie da wissen, welches Ergebnis am Ende steht? Ein valider Einwand, der Ihnen allerdings beim Verkauf Ihres Coachings nicht weiterhilft. Wann immer wir unser eigenes Geld in die Hand nehmen (und das tun auch viele Familienunternehmer oder Inhaber mittelständischer Unternehmen), brauchen wir zumindest die Aussicht auf ein konkretes Ergebnis. Aus eigener Erfahrung kann ich Ihnen versichern, dass sich Ihre Kunden durchaus darüber im Klaren sind, dass das Ergebnis davon abhängt, wie das Coaching verläuft und wie sehr Ihr Kunde selbst mitarbeitet.

Es ist unerlässlich, dass Sie nicht einfach nur ›Klarheit‹ anbieten oder das ›Lösen von Blockaden‹. Stattdessen bieten Sie ›den nächsten Karriere-Schritt‹, ›weniger Stress‹, ›die perfekte Aufstiegs- oder Business-Strategie‹, das ›Finden der Berufung‹, ›das richtige Leadership, um sowohl die Unternehmens- als auch die Karriereziele zu erreichen‹, ›bessere Beziehungen‹, das ›Wiederfinden des Lebenssinns‹, die ›Lösung der Lebenskrise‹ und so weiter.

Wirtschaftlich sehr erfolgreiche Coaches gehen sogar noch einen Schritt darüber hinaus und finden heraus, an welchen Key Performance Indikatoren (Leistungskennzahlen) sie sich messen lassen müssen. Selbst wenn diese Indikatoren im ersten Schritt oftmals nicht kommuniziert werden. Es hilft Ihnen immer, wenn Sie genau wissen, was Ihr Zielkunde/Ihre Zielkundin im Kopf gegen das Coaching ›aufrechnet‹.

SHOWCASE KEY PERFORMANCE INDIKATOREN – HIGH PRICE COACH DORETTE SEGSCHNEIDER

Coach und Strategin für emotionale Intelligenz Dorette Segschneider hat u.a. ein einjähriges Coaching-Paket entwickelt, für das Ihre Klienten aktuell 38.500 Euro Honorar zahlen. Im ersten Schritt ihres zweistufigen Akquise-Prozesses fand sie in einem Fall heraus, dass ihr Coachee, aufgrund von schlechter Führung innerhalb von drei Jahren 15 Mitarbeiter ›weggemobbt‹ hatte. Als Coachingziel scheute sie sich nicht, ihm in Aussicht zu stellen, dass er durch die Zusammenarbeit mit ihr, seine Führungsfähigkeit so verbessert, dass seine Mitarbeiter bleiben. Was auch genau so eingetreten ist.

Bei der Verlängerung des Coaching-Auftrags kam die Sprache auf ihr Honorar, das in dieser Höhe kein anderer Coach in diesem Unternehmen aufrief. Sie bot an, künftig erfolgsbasiert abzurechnen und einen Prozentsatz der Summe aufzurufen, die das Unternehmen spart, weil es erhebliche Rekrutierungskosten vermeidet, zum Beispiel für die Suche und Abwerbung neuer Führungskräfte, sowie die Abfindung der nach kurzer Zeit wieder entlassenen Führungskräfte. Das Unternehmen lehnte ab und zahlte mit Freude weiterhin das Honorar. (dorettesegschneider.de [24.10.2019])

MINDSET-MOMENT: WIE VIEL ERGEBNIS MUSS SEIN?

Wie Sie aus dem vorherigen Beispiel sehen, können und sollen Sie beim Verkauf von Coaching keine konkreten Erfolgsversprechen machen. Sie können nicht versprechen, dass Ihre Kundin durch Ihr Coaching 30 % Umsatzwachstum erzielt. Sie können nicht versprechen, dass Ihr Kunde durch Ihr Coaching seine Ehe tatsächlich rettet, denn vielleicht stellt er durch Ihr Coaching fest, dass er das gar nicht mehr will. Sie können nicht garantieren, dass Ihre Kundin durch Sie ihre wahre Berufung findet, nicht in den Burn-out rauscht und wirklich den nächsten Karriere-Schritt macht. Sie können auch nicht berechnen, wie viel schneller Ihre Zielkundin aus der Lebenskrise heraus kommt, in die sie nach dem Auszug der Kinder geriet. All das ist aber auch nicht notwendig.

Sie dürfen aber selbstbewusst mitteilen, was Ihr Zielkunde mit Ihrem Coaching erreichen kann. Wenn Sie bereits Erfolgsbeispiele haben, umso besser. Wenn Sie erst neu starten, können Sie diese Showcases durch Testkunden generieren oder sich auf generelle Ergebnisse berufen, die mit Coaching möglich sind. Wichtig ist: Sie wissen, was Sie schaffen können.

# Drei Missverständnisse der Coaching-Industrie

1. MIT COACHING KÖNNEN SIE JEDE HERAUSFORDERUNG BEARBEITEN: In vielen Coaching-Ausbildungen wird gelehrt, dass Sie mit Coaching jegliche Herausforderung in egal welchem Lebensbereich bearbeiten können, sodass Sie in allen Lebensbereichen Ihrem Coachee dabei helfen, die Lösung zu finden. Theoretisch ist das natürlich völlig richtig.

In der Praxis heißt das, dass viele frisch ausgebildete Coaches auf den Markt gehen, ohne zuvor eine Nische gewählt zu haben und sich als Coach für alles und jeden ›positionieren‹. Von Positionierung kann hier selbstverständlich keine Rede sein. Das Problem dabei: Der Verkauf von Coaching ist eine Vertrauenssache. Würden Sie jemandem vertrauen, der von sich behauptet, in allen Lebensbereichen die Weisheit mit Löffeln gefressen zu haben? Natürlich behauptet diese/r Coach das auch nicht. Schließlich hilft Coaching ›nur‹ bei der Hilfe zur Selbsthilfe. Aber beobachten Sie mal selbst: Vertrauen Sie eher jemandem, der selbst schon mal eine Ehekrise hinter sich gebracht hat und diese erfolgreich gemeistert hat, Ihnen bei Ihrer für Sie gerade unlösbar erscheinenden Ehekrise zu helfen? Oder jemandem, der vielleicht noch nicht mal selbst verheiratet ist, dafür aber darüber hinaus auch bei Burn-out hilft, Erziehungsthemen bearbeitet und Unternehmern dabei hilft, die Motivation der Mitarbeiter zu steigern?

Zugegeben: Das Beispiel ist überspitzt. Aber ich bin mir sicher, dass Sie verstehen worauf ich hinaus will: Auch wenn die Coaching-Methodik wirklich bei sämtlichen Herausforderungen des Lebens Hilfe zur Selbsthilfe ermöglicht – wenn es darum geht, Ihr Coaching zu verkaufen, müssen Sie sich eine Nische suchen und sich spezialisieren. Wenn Sie versuchen mit allen zu sprechen, wird Sie niemand verstehen.

2. ALS COACH BIETEN SIE KEINE ERGEBNISSE, SONDERN BEGLEITUNG: In zahlreichen Coaching-Ausbildungen erfahren Sie, dass Sie als Coach niemals ein Ergebnis anbieten dürfen, denn Sie lösen die Herausforderung für Ihren Coachee ja nicht, sondern begleiten ihn oder sie dabei, die Lösung aus sich selbst heraus zu entwickeln. Theoretisch ist auch das wieder vollkommen richtig.

Wenn es jedoch darum geht, Ihr Coaching zu verkaufen, geht auch diese Konvention nach hinten los. Eine ›Begleitung‹ bei der Lösung einer Herausforderung ist für uns in den meisten Fällen zu wenig, als dass wir dafür unser Portemonnaie öffnen würden. Wir wollen eine Lösung. Und diese Lösung kann durch unterschiedliche Methoden herbeigeführt werden, was bedeutet, dass Sie mit Ihrem Coaching nicht nur mit anderen Coaches, sondern darüber hinaus mit artverwandten Berufen wie Heilern und Heilpraktikern, mit Therapeuten, mit Unternehmensberatern und teilweise sogar mit Trainern konkurrieren. Das Becken, in dem Sie schwimmen, ist blutrot von den vielen sich gegenseitig zerfleischenden Marktteilnehmern. Und Sie sind der oder diejenige mit den meisten Bisswunden, denn Sie können die Angriffe noch nicht mal abwehren, indem Sie Argumente dafür vorbringen, warum Coaching für die Lösung der Herausforderung besser geeignet ist als die Dienstleistung Ihrer Wettbewerber. Erinnern Sie sich: Sie dürfen keine Lösung und kein Ergebnis bieten, Sie begleiten ja nur.

Kein Wunder, dass es wenige Coaches in Deutschland gibt, die ein reines Coaching-Business profitabel betreiben. Die meisten bieten Coaching nebenbei an. Quasi als Abfall-Produkt ihres Trainings oder ihrer Beratung.

Wenn Ihr Herz für Coaching schlägt und es das Coaching ist, mit dem Sie Ihren Zielkunden weiterhelfen wollen, dann scheuen Sie sich nicht länger, ein Ergebnis zu nennen. Es braucht wie bereits gesagt keine Garantie. Garantien können auch Trainer und Berater nicht geben. Ihr Coachee muss jedoch wissen, was er oder sie durch Ihr Coaching erreichen kann.

3. ALS COACH BIETEN SIE EINZELSTUNDEN ZU EINEM TRANSPARENTEN STUNDENSATZ AN: Viele Coaches bieten Einzelstunden an, weil sie das entweder in ihrer Coaching-Ausbildung lernen oder von den Coaching-Verbänden vermittelt bekommen. In den meisten Fällen steckt dahinter eine hehre Absicht, nämlich das Vertrauen in die Coaching-Branche zu stärken.

Wenn es jedoch nicht Ihr Ziel ist, in Coaching-Pools großer Unternehmen zu arbeiten, wo in den meisten Fällen Stundensätze von der Einkaufs- oder Personalabteilung vorgegeben werden, verzichten Sie bitte ab sofort auf Einzelstunden.

Aus Marketing-Sicht ist es genauso schwierig, jemandem eine Einzelsitzung zu verkaufen, wie ein Coaching-Paket mit einer Mischung aus persönlichen Sessions, E-Mail-Support und anderen Komponenten.

Aus betriebswirtschaftlicher Sicht ist es ziemlich unsinnig, Kunden nur für eine Session zu akquirieren. Der Aufwand, den Sie für die Akquise betreiben, sollte sich im Umsatz mit dem Kunden spiegeln. Wenn Sie Einzelstunden anbieten, müssten Sie den Preis – ohne dass ich wüsste, wo Sie ihn gerade ansetzen – mindestens vervierfachen, da Sie den Aufwand für Marketing, Akquise, Weiterbildung und Verwaltung mit einrechnen müssten. So wird ziemlich schnell klar, dass mit Einzelstunden kein profitables Coaching-Business möglich ist.

Auch aus Coaching-Sicht ist es wesentlich sinnvoller, Menschen über einen längeren Zeitraum zu begleiten, um sicherzustellen, dass das Ziel auch wirklich erreicht wird. Veränderungen sind schließlich nicht über Nacht etabliert.

Wenn Sie eine Einzelsitzung verkaufen, ist Ihr Neukunde vielleicht begeistert und hat sogar vor wiederzukommen. Das passiert aber oftmals nicht. Es sei denn, er oder sie erhält gerade einen Geldregen oder das Problem ist so groß, dass ihm oder ihr nichts mehr anderes übrig bleibt. Aus diesen Gründen sind Einzelstunden immer ein Fehler.

Wenn Sie Ihren Interessenten jedoch ein Dreimonats-, Halbjahres- oder Jahrespaket anbieten, ist die Wahrscheinlichkeit, das angestrebte Ziel zu erreichen, viel höher. Diese Art der Zusammenarbeit ist weit persönlicher und proaktiver. Sie kommen über einen längeren Zeitraum zusammen. Ihre Kunden erzählen Ihnen von ihren Fortschritten, und Sie können bei zwischenzeitlich aufkommenden Herausforderungen eingreifen und korrigieren. Sie müssen also nicht warten, bis es bei Ihrem Interessenten so schlimm wird, dass er oder sie von alleine auf Sie zurückkommt.

Zudem stellen Sie mit solchen Paketen sicher, dass Sie mit Menschen arbeiten, die sich auch tatsächlich verändern wollen. Wenn Ihr Kunde nach einer Einzelstunde ganz begeistert von Ihrem Coaching ist, weil Sie ihm die Augen geöffnet haben, dann aber trotzdem nicht wiederkommt, weil Persönlichkeitsentwicklung nun mal harte Arbeit ist, fühlen Sie sich schlecht. So als ob Ihr Coaching nicht gut ist. Diesen Effekt dürfen Sie niemals unterschätzen, denn um Coaching zu verkaufen, brauchen Sie ein stabiles Selbstbewusstsein. Wenn aber Ihre Kunden immer nur Einzelstunden buchen und dann oftmals nicht wiederkommen, werden Sie genau dieses nicht aufbauen, obwohl Ihr Coaching gut ist. In den meisten Fällen liegt es nicht an Ihren Fähigkeiten, dass Ihr Kunde nicht wiederkommt, sondern eben an der Tatsache, dass Veränderung wehtut und wir diese Schmerzen gern immer wieder nach hinten verschieben.

### EXKURS: WARUM MIT EINZELSTUNDEN KEIN PROFITABLES COACHING-BUSINESS MÖGLICH IST

Nehmen wir mal an, Sie sind vom Start weg mutig und veranschlagen einen Stundensatz von 200 Euro für Ihr Coaching (viele starten weit darunter). Gehen wir jetzt davon aus, dass Ihr Jahr 230 Arbeitstage hat. Normalerweise sind es im Durchschnitt 250 Arbeitstage pro Jahr, aber einige Tage Urlaub genehmigen Sie sich auch als selbstständige/r Coach. Diese 230 Tage bescheren Ihnen 1.840

Arbeitsstunden, wenn Sie jeden Tag 8 Stunden arbeiten. Multipliziert mit einem Stundensatz von 200 Euro, würden Sie damit einen Umsatz von 368.000 Euro generieren. Das klingt zunächst hervorragend.

Leider funktioniert das in der Realität nicht. Zunächst aus dem offensichtlichen Grund, dass nicht jeden Tag acht neue Kunden oder Wiederkäufer zu Ihrer Tür hereinspazieren. Und dann natürlich, weil Sie, um so viele Kunden zu gewinnen, ziemlich viel Akquisition betreiben müssten. Schließlich sind Sie nicht der einzige Coach da draußen, sondern umgeben von einer sich ständig gegenseitig ausspielenden Masse an Coaches, von denen einige noch dazu bereit sind, auch für 100 Euro die Stunde und weniger zu coachen.

Sobald Sie das realisieren, ist für viele eine naheliegende Lösung, das eigene Coaching günstiger zu machen. Nehmen wir also an, Sie coachen für 100 Euro pro Stunde. Schon hat sich Ihr Jahresumsatz auf 184.000 Euro halbiert. Immer noch vorausgesetzt, Sie coachen jeden Arbeitstag 8 Stunden.

Wenn Sie bereits mit Coachees gearbeitet haben, wissen Sie, dass Sie 8 Stunden Coaching am Tag – selbst wenn Sie so viele Kunden hätten – nicht durchhalten können. Ich habe schon mit über 400 Coaches aus allen Nischen gearbeitet. Keiner davon hatte mehr als 10 Coachings pro Monat. Selbst mit 200 Euro multipliziert ergibt das einen unternehmerischen Hungerlohn.

Ein Coaching-Business auf Stundenbasis aufzubauen, ist nur möglich, wenn Sie von vornherein darauf abzielen, in die Coaching-Pools größerer Unternehmen aufgenommen zu werden. Allerdings brauchen Sie für dieses Ziel keine Stundensätze kommunizieren, denn in diesem Fall wird Ihr Honorar meistens von diesen Unternehmen bestimmt.

Neben der wirtschaftlichen Komponente, dass es auf Stundensatz-Basis kaum möglich ist, ein profitables Coaching-Business aufzubauen (wenn Sie noch den Verwaltungs- und Marketing-Aufwand, sowie die Zeit, die Sie für Ihre Weiterbildung brauchen, abziehen, sieht es noch schlechter aus), ärgert mich an dieser Tatsache vor allem, dass sie nur vermeintlich gut für den Coachee ist. Die Absicht dahinter ist ja, Coaching für den jeweiligen Coachee transparent zu machen und somit auch das Vertrauen in die Coaching-Branche zu fördern. Dementgegen steht, dass das Ziel jedes Coachings ein erfolgreich abgeschlossener Veränderungsprozess ist. Haben Sie schon mal erfahren, dass dieser nach einer Stunde Coaching erfolgreich abgeschlossen ist? Ich nicht, auch wenn die gewünschte Veränderung noch so klein ist. Sicher: Nach jeder Coaching-Stunde fühlt sich Ihr Coachee deutlich besser, sieht klarer und ist gegebenenfalls auch motivierter als zuvor, seine Herausforderung tatsächlich zu bewältigen. Aber hat er oder sie das nach dieser Stunde bereits getan? Mit einem Coaching auf Stundenbasis vertrauen Sie darauf, dass Ihr Coachee so verantwortlich ist selbst zu entscheiden, wann er oder sie das nächste Mal zu Ihnen kommt. Das mag in den ersten zwei oder drei Sitzungen noch funktionieren. Spätestens, wenn es schwierig wird – und wirkliche Veränderung ist immer schwierig – ist die Wahrscheinlichkeit enorm hoch, dass Sie Ihren Coachee nie wiedersehen. Und das obwohl Sie gute Arbeit geleistet haben und Ihr Coachee ganz offensichtlich zufrieden war.

Um Ihr Coaching nachhaltig zu betreiben, tatsächliche Veränderungen bei Ihren Coachees zu bewirken und somit auch mittelfristig zu erreichen, dass Sie weiterempfohlen werden, sollten Sie sich von vorne herein nicht auf Einzelstunden und Stundensätze einlassen. Schnüren Sie stattdessen lieber sinnvolle Pakete, die es sowohl Ihrem Coachee ermöglichen, seine Herausforderung zu bewältigen und sich wirklich zu verändern, als auch Ihnen ermöglichen, das gewünschte Ziel zu erreichen und das Coaching erfolgreich abzuschließen.

Ausgenommen davon sind Sie – wie bereits erwähnt – nur dann, wenn es Ihr Ziel ist, in den Coaching-Pools großer Unternehmen zu coachen. In diesem Fall machen Sie sich bestenfalls gar keine Gedanken um Ihren Preis, denn den bestimmt oftmals die Einkaufsabteilung des Unternehmens.

# Was ein profitables Coaching-Business von einem 08/15 Coaching-Business unterscheidet

Unser aktuelles Informationszeitalter trägt nicht nur hauptsächlich dazu bei, dass Coaching auf einen immer größer werdenden Bedarf stößt. Es ermöglicht zudem, dass Coaches die Menschen hinter dem größer werdenden Bedarf auch ansprechen, bzw. den Bedarf überhaupt erst wecken können. Durch das Internet und die sozialen Medien können Sie ohne großen Aufwand theoretisch die ganze Welt erreichen.

Coaching wird gerade in Deutschland immer noch als Luxusprodukt angesehen, auch wenn immer mehr Menschen davon überzeugt sind, dass jeder einen Coach haben sollte. Dennoch: Niemand stirbt, wenn er oder sie kein Coaching bekommt, aber die Resultate, die mit Coaching erzielt werden können, sind in vielen Fällen lebensverändernd. Mit Coaching gönnen wir uns Unterstützung bei der Lösung einer Herausforderung, die wir früher alleine hätten lösen müssen – auch wenn das Jahre oder sogar Jahrzehnte in Anspruch genommen hätte.

Heutzutage können unsere Zielkunden dieses Coaching theoretisch von überall abrufen, es professionell angehen und dafür bezahlen, wenn Sie nicht gerade selbst Zugang zu Menschen haben, die die Herausforderung, die sie lösen möchten, bereits erfolgreich bewältigt haben und noch dazu in der Lage sind, weiterzugeben, wie genau sie das denn getan haben. Und noch dazu vorausgesetzt, dass dieser Erfolgsprozess problemlos auf jede Voraussetzung und jedes Individuum übertragbar wäre.

Um aus diesen günstigen Marktvoraussetzungen nun ein profitables Coaching-Business zu machen gilt es, den 08/15-Status zu verlassen.

## 1. Klare Positionierung und Nische statt Fokus auf der Methode

Im ersten Schritt der Professionalisierung heißt das, sich als Coach für eine klare Positionierung und eine Nische zu entscheiden, anstatt Bauchladen-Coaching zu betreiben und alles und jeden coachen zu wollen.

Dazu gehört auch, das eigene Coaching immer weiter zu professionalisieren, um weg vom ›bezahlten Seelsorge-Gespräch‹ und hin zur ›nachweislich erfolgreichen Methode‹ zu kommen. Welche Coaching-Methoden Sie dabei favorisieren, ist für Ihre Zielkunden zweitrangig, denn Ihr Zielkunde ist kein Coaching-Experte, sondern will seine Herausforderung lösen. Ob er oder sie das mit NLP, systemischem Coaching, Wingwave oder ganzheitlichem Coaching schafft, ist zweitrangig.

Zugegeben: Es fällt nicht leicht, das mühsam in vielen Coaching-Ausbildungen und -Zertifizierungen Gelernte außen vor zu lassen und sich stattdessen auf die bereits angesprochenen Ergebnisse zu konzentrieren. Vor allem dann nicht, wenn Sie als Coach von diesen Methoden allesamt begeistert sind und wissen, wie großartig sie wirken. Dennoch: Wenn Sie weg vom 08/15-Stadium und hin zur Profitabilität wollen, sprechen Sie über die mögliche Transformation, also das Ergebnis. Nicht über den Weg dahin und die Methode.

Entscheiden Sie zudem, welche Art Coach Sie sind. Wie Sie das genau tun, erfahren Sie in Kapitel 3. Die einfachste Begrenzung wäre vermutlich die Bezeichnung ›Life-Coach‹. Machen Sie sich bis dahin aber klar, dass Sie niemals Kunden gewinnen, wenn Sie einfach nur ›Coach‹ sind und das auf Ihre Website schreiben und überall verkünden. Besonders am Anfang Ihres Coaching-Business werden Sie Ihr Coaching immer aktiv verkaufen müssen.

## WAS PASSIERT, WENN SIE SICH KLAR POSITIONIEREN

Wenn Sie ganz genau kommunizieren, für was Sie stehen, welche Ergebnisse Sie bieten und für wen genau Sie der richtige Coach sind, werden Sie mehr Kunden gewinnen und Sie werden weiterempfohlen. Besonders die Coaches, die zu wenige Kunden haben, scheuen sich jedoch, Ihre Nische einzugrenzen, weil sie vermuten, dann noch weniger Kunden zu haben. Das Gegenteil ist der Fall. Wenn Sie für ein Ergebnis stehen und für eine konkrete Zielgruppe, werden Sie schnell weiterempfohlen, weil klar ist, für was man Sie weiterempfehlen kann. Sie spezialisieren sich auf ein Kerngebiet und erzielen somit auch mit der Zeit bessere Ergebnisse für Ihre Coachees. Sie coachen selbstbewusster mit steigernder Erfahrung und Sie verlassen das Haifischbecken in Richtung eines immer noch vollen, aber nicht mehr blutroten, Ozeans.

## WAS PASSIERT, WENN SIE DAS NICHT TUN

Wenn Sie sich nicht positionieren, gewinnen Sie weiterhin zu wenige Kunden. In den weiteren Kapiteln werden Sie erfahren, dass Sie nicht der einzige sein müssen, der eine bestimmte Art von Coaching oder ein bestimmtes Ergebnis bietet oder eine ganz spezielle Zielgruppe bedient. Einzigartig werden Sie durch Ihre Persönlichkeit, nicht durch Ihre Positionierung. Dennoch: Wenn Sie sich nicht positionieren, werden Sie kein profitables Coaching-Business aufbauen, wenn Sie nicht sowieso bereits Kontakte zu einflussreichen Menschen haben, die allesamt von Ihnen gecoacht werden wollen.

## 2. Premium-Pakete statt Einzelstunden

Vergessen Sie bitte alles, was Sie eventuell in Ihrer Coaching-Ausbildung über Ihre möglichen Angebote gelernt haben. Versuchen Sie erst gar nicht, über Einzelstunden ein profitables Coaching-Business aufzubauen. Selbst wenn Sie nur ein bisschen was nebenbei verdienen und anderen helfen wollen.

Ersparen Sie sich die Erfahrung, wie es ist Ihren Zielkunden hinterherzurennen, um sie zur nächsten Coaching-Stunde zu bewegen, um dann weitere Zeit mit dem Erstellen von Rechnungen, dem Nachhaken, ob bezahlt wurde und Ihrer Buchhaltung zu verbringen.

Schnüren Sie stattdessen sinnvolle Pakete für Ihre Zielkunden. Denken Sie drüber nach, wie lange Sie idealerweise Zeit hätten, um mit Ihrer/Ihrem Coachee die gewünschte Veränderung zu erzielen. Wie lange würden Sie in einem Idealprozess brauchen? Schon Monatspakete oder monatlich kündbare Pakete werden Ihnen wirtschaftlich weiterhelfen und Ihnen noch dazu wesentlich mehr Spaß mit Ihren Coachees bringen, Ihre Ergebnisse für Ihre Coachees verbessern und den Schwerpunkt Ihres Business von der Selbstvermarktung und dem Verkauf auf das Coaching selbst verlagern.

### MINDSET-MOMENT: WARUM ES SICH LOHNT, GROSS ZU DENKEN

Immer wieder höre ich von angehenden Coaches, dass sie sich zum Coaching berufen fühlen und anderen durch Krisen hindurch helfen wollen, die sie selbst durchlebt und erfolgreich bewältigt haben. Das ist ein hervorragendes Ziel.

Gleichzeitig höre ich dann aber auch, dass dabei die Profite nicht im Vordergrund stehen. Helfen sollte ja schließlich uneigennützig und kostenlos sein. Besonders Frauen, die sich in ihrer zweiten Karriere als Coach selbstständig machen, denken so. Nur ein bisschen was nebenbei verdienen und vor allem anderen weiterhelfen.

So ehrenrührig dieses Ziel ist, so sehr geht es in den meisten Fällen nach hinten los. Der Aufwand, ein kleines Nebenbei-Coaching-Business aufzubauen, ist genauso groß, wie ein profitables Coaching-Business aufzubauen. Wenn die Zielsetzung klein bleibt, ist in den meisten Fällen die Konsequenz, dass gar nicht gecoacht wird. Der Partner/die Partnerin ist unzufrieden, weil so viel Geld in die Ausbildung floss. Und der/die Coach ist unzufrieden, weil er/sie gar nicht coacht. Schnell kommen Ernüchterung und Selbstzweifel hinzu und das Thema wird abgehakt.

Denken Sie lieber von vorne herein groß. Das Coaching-Business ist absolut nicht dazu geeignet, ein ›Nebenbei-Business‹ zu sein, Denn um Kunden zu gewinnen, müssen Sie Vertrauen aufbauen. Und das ist nicht über Nacht gemacht. Gerade im deutschsprachigen Raum geht man nicht einfach mal zum Coaching. Vielleicht noch zum Heilpraktiker, aber nicht zum Coach. Wenn es Ihre Berufung ist zu coachen, dann setzen Sie auch alles daran, zu coachen!

## WAS PASSIERT, WENN SIE PREMIUM-PAKETE SCHNÜREN

Ihr Coaching-Business wird sich mit Premium-Paketen sofort wesentlich leichter anfühlen. Wie ein Premium-Paket dabei für Sie aussehen kann, lernen Sie in den weiteren Kapiteln dieses Buches.

Premium steht in diesem Zusammenhang für Coachings über einen längeren Zeitraum zu einem angemessenen Preis. Was ein angemessener Preis ist, hängt von Ihrer Nische ab; auch dazu kommen wir noch im Detail. Gehen wir jedoch hier davon aus, dass beim Herunterrechnen auf Stunden (was wir zwar nicht wollen, was aber für die Kalkulation hilfreich ist) ein Stundenpreis von 150 bis 200 Euro zu Buche schlägt.

Wenn Sie Premium-Pakete schnüren, konzentrieren Sie sich auf die tatsächliche Coaching-Arbeit mit Ihrem Coachee, anstatt ständig drüber nachzudenken, wie Sie den nächsten Kunden für die nächste Einzelstunde gewinnen oder es schaffen, dass Ihre bisherigen Coachees eine nächste Sitzung buchen. Mit der Zeit wird der Vermarktungsaufwand geringer und Sie coachen mehr, weil Sie Ihre Kundenakquise-Prozesse im Griff haben und darüber hinaus weiterempfohlen werden. Zudem brauchen Sie gar nicht mehr so viele neue Kunden, um Ihre Business-Ziele zu erreichen.

### WAS PASSIERT, WENN SIE KEINE PAKETE SCHNÜREN

Jeder Business-Aufbau bedeutet, dass Sie zunächst nicht das tun, was Sie eigentlich tun wollen, dass Sie also nicht hauptsächlich coachen, sondern zunächst lernen dürfen, wie Sie Kunden gewinnen und sich vermarkten. Wenn Sie weiterhin bei Einzelstunden bleiben, fühlt sich Ihr Coaching-Business dauerhaft mehr nach einem Vermarktungs-Business an, denn anstatt zu coachen, machen Sie Marketing. Und dafür sind Sie nicht angetreten.

Aus der Erfahrung mit zahlreichen Coaches in meiner Community weiß ich zudem, dass nicht wenige an ihren Einzelstunden zerbrechen. Sie brennen nicht nur aus, weil sie ständig neue Kunden finden müssen, sondern auch weil sie nicht die Ergebnisse und Veränderungen bei Ihren Zielkunden bewirken, die sie sich wünschen. Wie bereits gesagt: Nachhaltige Veränderungen sind nicht über Nacht herbeigeführt.

## 3. Sichtbarkeit/Expertenstatus

Ein Coaching-Business ist immer auch ein Expertenbusiness, denn um ein Coaching zu verkaufen, heißt es Vertrauen aufzubauen. Wir vertrauen vor allem denjenigen, die wir gut kennen oder die zumindest sichtbar für uns sind. Das funktioniert bei Zahnpasta genauso wie beim Coaching. Wobei es beim Coaching nicht ausreicht, nur sichtbar zu sein. Sie müssen darüber hinaus eine Beziehung zu Ihrem Zielkunden aufbauen, um von ihm oder ihr gebucht zu werden.

Schon allein die schiere Anzahl der Coaches auf dem Markt macht es notwendig, dass Sie nicht nur theoretisch aus der Masse der Wettbewerber hervorstechen, sondern dass Sie Ihre Alleinstellungsmerkmale auch zeigen und kommunizieren. Sie können noch so gut sein in Ihrer Arbeit als Coach: Wenn Sie das nicht nach außen zeigen, wird es niemand erfahren und Sie werden nicht als Experte wahrgenommen.

Nun fragen Sie sich vielleicht bereits, ob Sie denn überhaupt Experte sind? Schließlich haben Sie ggf. keinen Doktortitel, kein Buch geschrieben und auch in den Medien sind Sie noch nicht wirklich bekannt.

### MINDSET MOMENT: JEDER EXPERTE HAT SICH SELBST ZU EINEM SOLCHEN GEMACHT

Machen Sie sich in der Hinsicht bewusst, dass jeder Experte da draußen sich selbst zu einem ebensolchen gemacht hat. Niemand kam vorbei und hat gesagt: ›Das war so gut, jetzt bist du Experte‹. Es gibt promovierte und honorierte Theoretiker, die dennoch nicht als Experte bezeichnet werden. Eine Expertin ist nur diejenige, die nach außen hin, also von der Zielgruppe auch als solche wahrgenommen wird.

Sie müssen also selbst dafür sorgen, Experte zu sein bzw. zu werden. Und da hat jeder mal klein angefangen. Als Anfangs-Definition reicht für Sie: Wenn Sie mehr über ein Thema (und das ist Ihre Coaching-Nische) wissen, als 80 % aller Deutschen, dürfen Sie sich getrost als Experte bezeichnen und von heute an Ihre Expertise nicht nur nach außen tragen, sondern natürlich auch vertiefen.

### WAS PASSIERT, WENN SIE ALS EXPERTE WAHRGENOMMEN WERDEN

Wenn Sie als Expertin wahrgenommen werden, werden Sie vor allem weiterempfohlen, denn nicht nur Ihre Zielkunden, sondern auch Ihre Kollegen und Geschäftspartner wissen, wofür Sie stehen und worin Sie am besten sind. Hinzu kommt, dass es einfacher für Sie ist, Medienberichte zu erwirken oder Vorträge anzufragen. Das geht oftmals sogar so weit, dass Sie dann für Vorträge oder Interviews angefragt werden, anstatt selbst darum zu bitten. Ihr Expertenstatus wächst mit der Zeit und macht Ihnen Ihre Selbstvermarktung leichter.

### WAS PASSIERT, WENN SIE DAS NICHT TUN

Wenn Sie nicht zum Experten werden, schwimmen Sie weiterhin in der Masse der Vergleichbaren. Das fühlt sich zum einen nicht gut an und erschwert Ihnen zum anderen die Kundengewinnung.

## 4. Nutzung von Online-Kundengewinnung und Online-Coaching

Außerhalb der Abhängigkeiten in den firmeneigenen Coaching-Pools gibt es in der Coaching-Branche nur zwei nennenswerte Möglichkeiten, ein profitables Business aufzubauen und gut bis sehr gut davon leben zu können.

Der erste Weg führt über das sogenannte High Price oder High Performance Coaching – ein Ausdruck, der sehr viel Fokus auf den Preis und wenig auf den Wert legt und somit oftmals zu Missverständnissen führt. Dahinter steckt ein qualitativ hochwertiges Coaching, das sich vor allem an Vorstände, Geschäftsführerinnen, Top-Führungskräfte und Unternehmerinnen richtet und überwiegend mit Halbjahres- und Jahrespaketen agiert, mit Coaching-Honoraren von bis zu 40.000 Euro pro Jahr und mehr.

Bei diesem Konzept geht es darum, in den direkten Kontakt mit dieser Zielgruppe zu treten und ihr auf Augenhöhe zu begegnen. Online-Marketing spielt für dieses Konzept nur eine untergeordnete Rolle. Die Kundenakquisition erfolgt vorzugsweise über Netzwerke, wozu jedoch auch einige sozialen Medien wie zum Beispiel LinkedIn und Xing zählen. Je nach Vorliebe werden zudem Online-Coaching-Tools in der täglichen Arbeit eingesetzt, d.h. Ihre Coaching-Sessions finden bei Bedarf auch online statt.

Der zweite Weg, um ein profitables Coaching-Business aufzubauen, führt über den Fokus auf Online-Marketing und Online-Coaching. Das Internet und die sozialen Medien machen es heute jedem Unternehmer leicht, mit wenigen Mitteln quasi ›die ganze Welt‹ zu erreichen, auch, oder besser: gerade wenn Ihr Coaching eben nicht auf Vorstände, Geschäftsführer oder Top-Führungskräfte abzielt.

Der Trend zum Coaching-Business ist nicht zuletzt diesen Neuen Medien zu verdanken, denn durch sie kann ein Coaching-Business nicht nur profitabel, sondern auch so orts- und zeitunabhängig werden, wie vom jeweiligen Gründer gewünscht.

Wenn Sie sich die Business-Modelle profitabler Coaches anschauen – also solcher, die rein vom Coaching leben – wird immer eine dieser beiden Möglichkeiten verfolgt. Der Nutzen von Online-Coaching bzw. Online-Marketing kombiniert mit Online-Coaching ist also eine weitere zentrale Erfolgsvoraussetzung für ein profitables Coaching-Business.

MINDSET MOMENT: HILFE, DIE TECHNIK!

Vielen Coaches fällt es nicht leicht, sich in die Online-Tools und Apps einzuarbeiten, die sie für ein profitables Coaching-Business brauchen und lassen daher wieder von Online-Marketing und Online-Coaching ab. Mit Online-Marketing und Online-Coaching haben Sie jedoch nicht nur unzählige Möglichkeiten der Kundengewinnung vor sich, sondern gestalten sich gleichzeitig ein Business, das nach Ihren eigenen Regeln läuft und so zeit- und ortsunabhängig ist, wie Sie es wollen.

Machen Sie sich daher bewusst, dass sich der Aufwand, sich in die Technik einzuarbeiten, mehr als lohnt. Ich hatte noch vor wenigen Jahren ebenfalls keinerlei Ahnung von Websites, E-Mail-Marketing, Facebook-Anzeigen, Landingpages, Podcasts, Videokanälen und Chatbots. Es hat etwas gedauert, bis ich all das selbst gelernt und für mein Business umgesetzt habe, aber das macht heute den Unterschied.

Freuen Sie sich, wenn es schwierig wird, denn dann ist auch klar, dass nur wenige sich ebenfalls dieser Herausforderung stellen und Sie somit einen echten Unterschied machen können. Dieser Grundsatz gilt übrigens auch für Sie, wenn Sie vor allem Vorstände, Geschäftsführer und Unternehmer coachen wollen, wo Online-Marketing keine so große Rolle spielt. Hier gilt es aber, Ihren Expertenstatus aufzubauen, was mit einem Podcast, dem Schreiben eines Buchs, dem Drehen von Videos oder auch mit Landingpages verbunden sein kann. Auch das ist mit Aufwand und Herausforderungen verbunden, die Sie von Herzen begrüßen dürfen.

## DIE REGELN DER ONLINE-WELT VERSTEHEN

Egal, ob Sie mit selbstzahlenden Kunden arbeiten wollen oder mit Unternehmen: Die, Möglichkeiten online Kunden zu gewinnen, sind zahlreich und vielschichtig.

Trotz der hohen Veränderungsgeschwindigkeit gibt es Methoden für Online-Kundengewinnung und Online-Coaching, die sich bewährt haben. Wenn Ihnen einmal klar wird, nach welchen Regeln die Online-Welt spielt, können Sie damit auf jeden neuen Trend reagieren.

## WAS PASSIERT, WENN SIE MIT ONLINE-MARKETING UND ONLINE-COACHING STARTEN

Wenn Sie sich der Herausforderung stellen und sich in Online-Marketing und Online-Coaching-Tools einarbeiten, stechen Sie schon allein deshalb aus der Masse der Coaches hervor. Ihre Kundengewinnung wird einfacher, denn neben der Routine im Umgang mit den Tools wird Ihnen mit der Zeit klar, welches Potenzial das Internet für Sie bietet. Über das Online-Coaching vergrößern Sie zudem Ihr Einzugsgebiet möglicher Kunden, denn der Ort, an dem Sie leben, spielt keine Rolle mehr.

## WAS PASSIERT, WENN SIE DAS NICHT TUN

Sie lassen Chancen, nicht nur mehr Kunden für Ihr Coaching-Business zu gewinnen, sondern auch Ihren Expertenstatus aufzubauen, ohne ein Buch zu schreiben oder in den traditionellen Medien (Print, TV oder Radio) erwähnt zu werden, ungenützt verstreichen. Gerade die traditionellen Medien sind in der heutigen Zeit schwierig zu bespielen, denn schon allein der Platz in den gedruckten Ausgaben ist knapp. Im Internet hingegen können Sie Ihr eigenes Medium werden und selbst veröffentlichen, ohne an Journalisten vorbei zu müssen, die die Tür zuhalten.

Wenn Sie zudem nicht online coachen, grenzen Sie Ihren Zielkundenkreis gerade zum Start Ihres Coaching-Business sehr weit ein. Wenn Sie dazu dann noch nicht in einer großen Stadt oder einem Ballungsgebiet leben, ist es nahezu unmöglich genügend Kunden für Ihr Coaching-Business zu gewinnen. Die Möglichkeiten der Zusammenarbeit über größere Distanzen sind über das Internet hervorragend. Dadurch verringern Sie Ihre eigene zeitliche und örtliche Flexibilität.

# Kapitel 2

## Mindset

Die größten ›Erfolgsverhinderer‹ von Coaches in Deutschland sind das eigene Mindset (Geistes- oder Denkhaltung) sowie die teilweise sogar in Coaching-Ausbildungen gelehrten Konventionen.

Coaching gilt in Deutschland oftmals immer noch als ›brotlose Kunst‹, weil Coaches sich nicht als Unternehmer, sondern eben als Coaches sehen, die dazu da sind, anderen zu helfen. Dieses Mindset hilft jedoch weder dem Coach bei seinem Ziel, ein profitables Coaching-Business aufzubauen, noch dem Coachee bei seiner gewünschten Veränderung. Damit sich das ändert, ist es unerlässlich, das eigene Mindset zu ändern.

## Unternehmer-Mindset statt Coaching-Mindset

So einfach dieser Satz klingen mag, so schwierig ist er für viele Coaches umzusetzen. Viele Coaches leiden unter einem Helfersyndrom. Helfen ist grundsätzlich grandios. Jedes Unternehmen, das erfolgreich am Markt platziert ist, hilft. Es hilft dabei, eine Herausforderung zu lösen. Beispielsweise helfen Mobilfunkanbieter dabei, dass wir mit unserer Außenwelt in Kontakt treten können. Modeunternehmen befriedigen unseren Wunsch, modisch up to date zu sein. Handwerker helfen uns, Häuser zu bauen, Toiletten zu reparieren oder dabei, dass wir es im Winter zu Hause warm haben. Es geht in der Wirtschaft immer darum zu Helfen.

Anders als das jedoch viele Coaches verinnerlicht haben, ist dieses Helfen nicht umsonst. Es gibt einen finanziellen Gegenwert für die Hilfe. Sie zahlen Ihre monatliche Mobilfunkrechnung, kommen gar nicht auf die Idee, dass Ihre neue Jeans nichts kosten würde und bezahlen dem Handwerker seine Arbeitsstunden und das Material.

WOHER ALSO DIE ANGST VOR DEM WERT IHRER ARBEIT? Selbstverständlich hat nicht jeder Coach Probleme damit, für seine Arbeit den entsprechenden Gegenwert zu verlangen. Dennoch sehe ich immer wieder Coaches, die zu günstigen Stundentarifen arbeiten. Sie haben noch nicht verinnerlicht, dass sie als erstes Unternehmer sind und dann Coach. Meiner Erfahrung nach gibt es dafür zwei Hauptgründe.

Zum einen ist es der Spaß und die Erfüllung, die viele Coaches bei ihrer Arbeit haben. Es ist ungemein erfüllend, Menschen mit einem Coaching weiter zu helfen. Viele Coaches würden das gerne am liebsten mit so vielen Menschen wie möglich erleben. So vielen Menschen wie möglich weiterhelfen wieder klar zu sehen, wieder motiviert ans Werk zu gehen, wieder glücklicher zu leben und die inneren Blockaden aufgelöst zu haben. Unsere Welt wäre tatsächlich ein besserer Ort, wenn jeder Mensch in den Genuss von Coaching käme. Die fatale Denkweise dieser Coaches ist jedoch: Je günstiger ich mein Coaching anbiete, umso mehr Menschen kann ich helfen. Das Gegenteil ist der Fall, denn alles, was wenig kostet, hat für uns wenig Wert. Wenn Sie Ihre Preise erhöhen, werden Sie feststellen, dass Sie bessere Ergebnisse für Ihre Kunden erzielen. Je mehr der finanzielle Einsatz ›schmerzt‹, umso mehr will der Coachee auch tatsächlich das Ziel erreichen.

Der zweite Grund, warum viele Coaches Probleme damit haben, ein anständiges Honorar für ihre Arbeit zu leisten, ist, dass Sie nichts Materielles oder Greifbares verkaufen. Sie verkaufen gute Gespräche, Klarheit und das Lösen von Blockaden inklusive der dazugehörigen Methoden. Dafür ist aber – zumindest in Deutschland – oftmals niemand bereit zu bezahlen. Ein gutes Gespräch führe ich ja auch kostenlos mit meiner besten Freundin oder meinem besten Freund. Danach geht's mir besser und ich muss nicht dafür zahlen.

Viele grenzen ihre Leistung zudem nicht genügend ab von einem Gespräch mit Freunden. Ich kenne viele Coaches, die regelmäßig und gern zum Mittagessen eingeladen werden, weil man sich ja so gut mit ihnen unterhalten kann. Ich kann Ihnen nur raten, solche Einladungen – auch wenn sie von noch so lieben Menschen kommen – nicht anzunehmen oder im Gespräch nur auf Ihr Coaching neugierig zu machen und dann darauf zu verweisen, dass Sie gern im Rahmen einer Zusammenarbeit tiefer gehen. Das mag für Sie zunächst abschreckend klingen. Mag sein, dass dann Ihr Gegenüber keine so hohe Meinung mehr von Ihnen hat. Aber Ihr Business wird es Ihnen danken. Abgrenzung ist für jeden Coach das A und O.

## Wie wird Coaching von ›heißer Luft‹ zur gern gekauften Dienstleistung?

Um aus dieser ›Ich verkaufe heiße Luft‹-Denkfalle heraus zu kommen, dürfen Sie zwei Schritte gehen:

Zum einen arbeiten Sie an Ihrem Mindset und machen sich klar, was Ihr Coaching wert ist.

Zum anderen dürfen Sie Ihr Coaching professionalisieren. Wenn Sie den Schritten in diesem Buch folgen, wird das automatisch passieren. Anstatt einfach jede Herausforderung zu coachen, die ein möglicher Zielkunde hat, positionieren und spezialisieren Sie sich. Anstatt stundenweise zu coachen und darauf zu hoffen, dass Ihr Kunde wiederkommt, packen Sie Pakete, die für Ihren Kunden genauso sinnvoll sind, wie für Sie. Sie geben Ihrem Coaching mit einem Programm den professionellen Rahmen und stellen ein Ergebnis in Aussicht. Und Sie kommunizieren und dokumentieren Ihre Ergebnisse, um nachhaltigen Erfolg für Ihre Kunden und für Sie zu erzielen.

# Erst Unternehmer – dann Coach

Wenn Sie sich als Coach klar machen, dass Sie zunächst Unternehmer sind und erst dann Coach, handeln Sie nach folgenden Prinzipien:

1. Sie sind von Ihrer Coaching-Leistung überzeugt.
2. Sie wissen, welche Ergebnisse Ihr Kunde mit Ihrem Coaching erreichen kann, ohne dass Sie das garantieren müssten.
3. Sie verkaufen Ihr Coaching selbstbewusst.
4. Sie professionalisieren Ihr Coaching und sprechen auch Unangenehmes aus.
5. Sie kennen den Wert Ihres Coachings und sind bereit ihn selbstbewusst einzufordern.
6. Sie meistern Ihren Akquise-Prozess.

## PUNKT 1: SIE SIND VON IHRER COACHING-LEISTUNG ÜBERZEUGT

Immer wieder sind es Coaching-Anfänger, deren Zweifel an der eigenen Coaching-Leistung so groß sind, dass ein erfolgreicher Verkauf davon nahezu unmöglich ist. Gleichzeitig erzählen viele Coaching-Anfänger davon, wie lebensverändernd sie selbst ein Coaching erlebt haben. Gerade als Starter im Coaching-Business dürfen Sie sich das Selbstbewusstsein erarbeiten, dass Ihre Coaching-Leistung hervorragend ist. Das ist sicherlich kein ganz einfacher Schritt, erfordert am Ende aber nicht mehr als eine große Portion Mut. Jeder Coach hat irgendwann angefangen mit seinem ersten Coachee. Jeder Berater, jeder Heiler, jeder Trainer hat das ebenfalls. Der erste Schritt ist immer der schwerste. Jeder weitere Schritt wird einfacher. Es lohnt sich, mutig zu sein und darauf zu vertrauen, dass Sie als Coach schon allein durch Ihren Blick von außen, weiterhelfen.

### EXKURS: SIE BIETEN MEHR ALS DIE LATERNE

Eine wunderbare Metapher dafür ist das ›Laternen-Coaching‹ von Michael Neill (Neill 2018, S. 99). Jedes Mal, wenn Sie auch nur den leichtesten Zweifel an Ihrem Coaching verspüren oder Ihr Selbstbewusstsein nicht ganz auf der Höhe ist, denken Sie an einen Laternenpfosten.

Warum? Stellen Sie sich folgendes vor: Eine Ihrer Zielkundinnen geht jeden Abend aus dem Büro raus und steuert auf den Laternenpfosten gegenüber zu, um mit ihm zu sprechen. Sie lässt Luft ab, erzählt dem Pfosten über die Probleme des Tages und die Chancen für die Zukunft und die Bereiche, in denen sie sich verbessern kann. Vor sich hat sie nicht mehr als einen Laternenpfosten. Wenn diese Person das jeden Abend tut, mit dem Pfosten ihre Erfolge und Herausforderungen und Träume teilt, dürfen Sie sicher sein: Ihr Leben würde sich verbessern und sie würde zu ihrem besseren Ich. Selbst ein Laternenpfosten wäre ein guter Coach und könnte dieser Person weiterhelfen.

Ihre Kundin hätte bereits einen großartigen Mehrwert, wenn sie einfach nur mit Ihnen spricht, wie mit einem Laternenpfosten. Sie als Coach hingegen bringen zusätzlich zum Zuhören eine ganze Welt an Methoden und Erfahrungen mit. Sie hören und können Dinge sehen. Als Coach sind Sie so viel besser als der Laternenpfosten, denn Sie können antworten. Deshalb sind Sie Ihr Geld wert.

## PUNKT 2: SIE WISSEN, WAS IHR KUNDE MIT IHREM COACHING ERREICHEN KANN, OHNE ES GARANTIEREN ZU MÜSSEN

Um Coaching zu verkaufen, ist es wie bereits erwähnt wichtig, dass Sie als Coach wissen, was Ihr Kunde mit Ihrem Coaching erreichen kann. Selbst dann, wenn Sie gerade erst starten. Dazu dürfen Sie Coaching als ähnliche Disziplin sehen, wie Beratung.

Der wohl entscheidende Satz, den Sie im Gespräch mit Ihren Zielkunden nutzen können, lautet: »Wenn Sie mit mir coachen, können Sie ...« und dann folgt die Transformation, die Sie als Coach ermöglichen. Um Coaching zu verkaufen, geht es darum, Ihrem Zielkunden klar zu machen, welche Veränderung, welche Transformation er meistern kann. Das ist, was er kaufen will. Er hat kein Interesse an der Anzahl an Stunden, den Methoden oder allen möglichen weiteren Features, die Sie in Ihrem Coaching-Angebot haben. Er will die Transformation, die Sie ihm in Aussicht stellen.

### PUNKT 3: SIE VERKAUFEN IHR COACHING SELBSTBEWUSST

Gerade wenn Sie erst in Ihr Coaching-Business starten, fragen Sie sich an der Stelle, wie Sie das Selbstbewusstsein an den Tag legen können, um Ihr Coaching selbstbewusst zu verkaufen. Schließlich haben Sie in den meisten Fällen noch keinen ›Track Record‹, also noch keinerlei Erfolgsbeispiele, was durch Ihr Coaching möglich ist. Dennoch können Sie selbstbewusst auftreten. Es geht zu Beginn nicht darum, dass Sie selbst diese Ergebnisse für Ihre Kunden erzielt haben, sondern darum, was Ihr Zielkunde mit Coaching generell erreichen kann. Und dafür gibt es unzählige Beispiele. Menschen, die ihre Ehe gerettet haben, Krisen erfolgreich überwunden haben, bessere Beziehungen zu ihren Kindern führen, ihre wahre Berufung gefunden oder ein erfolgreiches Business aufgebaut haben, weil sie sich haben coachen lassen, gibt es zahlreiche. Sie kennen sicherlich Showcases aus Ihrer Coaching-Ausbildung.

### PUNKT 4: SIE PROFESSIONALISIEREN IHR COACHING UND SPRECHEN AUCH UNANGENEHMES AUS

Um ein guter Coach zu sein, dürfen Sie sich davon verabschieden, Menschen gefallen zu wollen, denn ein guter Coach ist in der Lage, den Finger in die Wunde zu legen. Werden Sie zum professionellen Coach und helfen Sie mit Ihrem Coaching anstatt Ihren Kunden zu gefallen. Es ist nicht Ihre Aufgabe, zum guten Freund Ihres Kunden zu werden. Sagen Sie Ihrer Kundin Dinge, die ihr sonst niemand sagt. Halten Sie nichts zurück. Führen Sie professionelle Coaching-Gespräche, keine sozialen über Familie, Beziehungen oder Ihr Leben generell (außer es hätte über Small Talk hinaus mit dem Inhalt Ihres Coachings zu tun).

Lernen Sie, wie Sie professionelle Erstgespräche führen und Ihr Coaching erklären. Machen Sie Ihre Coaching-Ergebnisse nachhaltig, indem Sie Ihre Sessions aufzeichnen oder Ihren Coachee die Ergebnisse jeder Session festhalten lassen. Selbst wenn Sie einen wahrhaften Durchbruch bei Ihrem Coachee erreicht haben, ist diese Begeisterung oftmals nicht von langer Lebensdauer. Halten Sie sie fest, wenn sie akut ist. Zeichnen Sie Ihre Coaching-Sitzungen auf, um diese Momente festzuhalten und fragen Sie Ihren Kunden danach, ob Sie Sequenzen daraus, die den Wert Ihrer Arbeit belegen, verwenden dürfen. Halten Sie alle Erfolge in einem Erfolgstagebuch fest (Härtl-Kasulke 2017). Sammeln Sie Erfolgsbeispiele und Testimonials und reden Sie sich nicht länger ein, dass gerade Ihre Coaching-Kunden nicht öffentlich machen wollen, dass sie sich coachen lassen.

### PUNKT 5: SIE KENNEN DEN WERT IHRES COACHINGS UND SIND BEREIT, IHN SELBSTBEWUSST EINZUFORDERN

Um Coaching zu bewerten, ist es sinnvoll herauszufinden, mit was Ihr Zielkunde Ihr Coaching-Angebot vergleicht. Im Business- und Vertriebscoaching konkurrieren Sie mit den klassischen Unternehmensberatern und können somit auch ähnliche Preise verlangen.

Im Life-Coaching und den Coaching-Nischen, die weniger direkt messbar sind, ist es wichtig, sich klarzumachen, welche ›Kosten‹ der Zielkunde trägt, wenn er oder sie nicht Ihr Kunde wird und welchen Wert er oder sie dem angestrebten Ergebnis beimisst. Was kostet es ihn, weiterhin übergewichtig zu sein und die besten Jahre mit seinen Kindern unbeweglich zu verpassen? Was ist es hingegen wert, einige glückliche und bewegliche Jahre länger auf dieser Welt zu verbringen? Was ist es wert, wenn Ihre Zielkundin endlich wieder durchschlafen kann, endlich nicht mehr gestresst ist, endlich wieder weiß, wofür sie lebt und was sie mit dem Rest ihres Lebens anfangen will oder endlich wieder ein glückliches Leben führt? Sie sehen: Life-Coaching müsste – wenn Sie auf diese Fragen die Antwort ›unbezahlbar‹ geben – zu einem weit höheren Preis angeboten werden als Business oder Vertriebs-Coaching.

Machen Sie sich zudem klar, für was Ihr Kunde zahlt. Sie rechnen als Coach keine Stundensätze ab. Sie schreiben eine Rechnung über die reale Möglichkeit, dass sich das Leben Ihrer Kundin so verändert, wie es sich ohne Ihr Coaching nicht hätte verändern können. Ihr Kunde bezahlt Sie dafür, dass sich sein Leben ändert. Er bezahlt Sie, damit sein Traum Wirklichkeit wird. Ihre Kundin zahlt Sie für die ›Durchbrüche‹, die sie erreichen will, anstatt für Coaching-Sessions.

## PUNKT 6: SIE MEISTERN IHREN AKQUISE-PROZESS

Ohne Coachees haben Sie kein Business, sondern ein Hobby. Egal in welches Business Sie starten, am Anfang steht immer die Tatsache, dass Sie Ihre Leistung zunächst verkaufen müssen, bevor Sie sie erbringen können. Das heißt, dass Sie zunächst Ihre Kenntnisse und Fähigkeiten in Verkauf und Marketing ausbauen dürfen, bevor Sie sich in Ihrem Coaching noch weitere Kompetenz aneignen.

Der Akquise-Prozess im Coaching unterscheidet sich dabei vom Akquise-Prozess jeder weiteren Dienstleistung insofern, dass der wichtigste Faktor der Aufbau von Vertrauen ist, denn im Coaching arbeiten wir an persönlichen Themen, an Veränderungen die schmerzen. Diese wollen wir nicht mit einem x-beliebigen Coach angehen, sondern mit jemandem, dem wir voll und ganz vertrauen. Die große Frage ist nun, wie dieses Vertrauen aufgebaut werden kann, denn Vertrauen entwickelt sich nicht über Nacht. Dafür braucht es mehrere Kontaktpunkte.

Coaches brauchen also einen Akquise-Prozess, bei dem ein sehr intensiver Austausch stattfindet oder einen Akquise-Prozess mit sehr vielen, sich wiederholenden Kontaktmöglichkeiten. Die Kundengewinnung ist definitiv nicht damit getan, dass ein einmaliger Kontakt stattfindet. Das gelingt nur in Ausnahmefällen und wenn der Zufall es so will, dass Sie gerade auf einen Zielkunden treffen, der bereits entschieden hat, dass er ein Coaching möchte und Sie ihm gerade zum richtigen Zeitpunkt ›über den Weg laufen‹. Um ein profitables Coaching-Business aufzubauen, dürfen Sie Ihren Kundengewinnungsprozess systematisieren und professionalisieren.

Die vier Schritte zu Ihrem nächsten Kunden entsprechen weitgehend dem berühmten AIDA Modell nach Elmo Lewis. Zunächst brauchen Sie Aufmerksamkeit (durch Sichtbarkeit und Expertenstatus), dann wecken Sie Interesse (beispielsweise durch kostenlose Inhalte oder Insight-Sessions), dann wecken Sie das Verlangen (engl. desire, für Coaches heißt das, Vertrauen aufzubauen, beispielsweise durch mehrfache Ansprache per Newsletter, Medienberichte oder weiteren vertrauenserweckenden Aktionen) und am Ende geht es um die Aktion (also den Verkaufsabschluss).

# Kapitel 3

## Voraussetzungen für ein profitables Coaching-Business

Coaching zu verkaufen ist schwierig, ein Ergebnis für eine Herausforderung anzubieten hingegen leicht. In diesem Kapitel geht es um die Voraussetzungen, die unbedingt erfüllt werden müssen, um ein Coaching-Business profitabel zu machen.

# Positionierung = Nische plus Alleinstellungsmerkmal plus Mission

Wenn Sie bereits länger in der Coaching-Business-Welt weilen, kennen Sie den Mythos, der um die Coach-Positionierung rankt. Der Hype darum ist so groß, dass viele Coaches schon geneigt sind zu glauben, dass eine möglichst spitze und einzigartige Positionierung ausreichend dafür sei, für ein profitables Coaching-Business zu sorgen.

Leider ist dem nicht so. Dennoch ist eine gute Positionierung eine der Kernvoraussetzungen für Ihr profitables Coaching-Business. Mit Ihrer Positionierung legen Sie fest, für wen Sie der richtige Coach sind, welches Ergebnis Sie für diesen perfekten Zielkunden bieten, wie Sie sich von anderen Coaches unterscheiden und warum Sie tun, was Sie tun.

Ein Überblick über die Bausteine Ihrer Positionierung sehen Sie in diesem Schaubild:

POSITIONIERUNG
als Coach

## Ihre Nische

Ihre Nische besteht aus Ihrem perfekten Zielkunden und dem Ergebnis, das Sie für diesen perfekten Zielkunden bieten. Nach außen hin kommunizieren Sie Ihre Nische über Ihre Experten- bzw. Coach-Bezeichnung (beispielsweise Business-Coach, Life-Coach, Karriere-Coach etc.) und Ihren Claim oder Slogan.

### IHR PERFEKTER ZIELKUNDE

Die Art und Weise der Zielgruppen-Bestimmung, die viele in Studium, Ausbildung oder Marketing-Seminaren gelernt haben, sind in den meisten Fällen ziemlich nutzlos. Sie sind meist zu generisch (›Mittelständler‹), teilen Menschen nach demografischen Angaben wie Alter, sozialem Status oder Familienstand ein und sagen nichts darüber aus, wie diese Menschen wirklich ticken und wo ihre Schmerzpunkte und Herausforderungen liegen. Dadurch erreicht Ihre Botschaft Ihre Zielkunden gar nicht oder der Aufwand um sie zu erreichen ist unglaublich hoch.

Zudem sind Zielgruppen oftmals willkürlich gewählt. Fragen Sie sich einmal, ob Sie Ihre Zielgruppe gewählt haben, weil Ihnen jemand gesagt hat, dass Sie sich spezialisieren müssen oder dass diese Zielgruppe das nötige Budget hat oder ob Sie sie gewählt haben, weil Sie genau hingeschaut haben? Und: Sie beziehen sich immer auf eine ganze Gruppe von Personen, anstatt die Wünsche, Bedürfnisse und Emotionen bis auf eine Person herunter zu brechen. Die tiefe Verbindung fehlt also. Das ist die Bedingung, um wirklich effizient zu verkaufen: Egal wie Ihr Coaching aussieht – und sei es auch noch so nüchtern und die Zielgruppe noch so elitär – es sind die Emotionen, die verkaufen. Auch wenn sich Ihr Gegenüber seine Entscheidung rational schönredet.

Die traditionellen Zielgruppen-Bestimmungen wirken meist nur oberflächlich auf die Psyche des Kunden. Aber dort sind die Verkaufsimpulse zu finden. Wenn Sie eine tiefere Verbindung mit Ihren Zielkunden eingehen wollen – was sehr hilfreich bei der Kundenakquisition ist – geht es darum, einen Schritt weiter zu gehen. Dabei dürfen Sie herausfinden, wer Ihr perfekter Zielkunde wirklich ist und was in ihm oder ihr vorgeht. Wo liegt die genaue Herausforderung, wo der Schmerzpunkt oder ›Kittel-Brenn-Faktor‹?

Dieses Vorgehen ist der erste Schritt, um später auf einer persönlichen und ansprechenden Ebene mit Ihrem perfekten Zielkunden zu kommunizieren und ihn oder sie für sich zu gewinnen. Sie sollten genau wissen, was in Ihrem perfekten Zielkunden vorgeht und wie er oder sie sich fühlt, denn um überzeugend zu kommunizieren, müssen Sie eine Idee davon haben, welche irrationalen Ängste und tiefsten Wünsche er oder sie hat. Es geht darum, Ihren einen perfekten Zielkunden zu bestimmen; eine ganz spezielle Persona (König/Volmer 2012, S. 78). Keine Gruppe. Wenn Sie nun denken: ›Aber ich habe doch viele Zielkunden‹, so ist das richtig. Schließlich geht es hier darum, die Voraussetzung zu schaffen, um nicht nur einen, sondern viele Kunden zu gewinnen. Aber es geht auch darum, *tief* in die Bedürfnisse und Wünsche Ihres Zielkunden einzusteigen, denn ohne dieses tiefe Wissen,

- sind Ihre Marketingmaßnahmen viel zu generell und völlig wirkungslos,
- ziehen Sie Kunden an, die nicht perfekt zu Ihnen passen und haben keinen Spaß dabei,
- werden Sie Ihre Business-Ziele verfehlen – egal wie hart Sie arbeiten – und gar nicht genau wissen, wieso überhaupt,
- wirkt Ihre Kommunikation hölzern und es fällt Ihnen schwer, Ihre Persönlichkeit – also Ihre Einzigartigkeit – in Ihr Business einzubringen, um so eine tiefe Verbindung zu Ihren Zielkunden herzustellen.

WENN SIE IHREN PERFEKTEN ZIELKUNDEN BESTIMMEN, passiert folgendes:

- Ihr Marketing wird viel einfacher und effizienter,
- Sie ziehen Ihre Zielkunden magnetisch an und Ihr Business macht einfach mehr Spaß,
- Sie werden Ihre Business-Ziele dadurch schneller erreichen und
- Ihre Kommunikation wird authentisch, überzeugend und Sie sprechen auf der gleichen emotionalen Ebene wie Ihre Zielkunden (und Emotionen sind, egal in welcher Branche, der Schlüssel zum Verkauf – selbst für Coaches und Experten in nüchterneren Branchen wie Business-Coaches, IT- oder Finanz-Experten).

WENN SIE IHREN PERFEKTEN ZIELKUNDEN NICHT GENAU BESTIMMEN ziehen Sie weniger perfekte Zielkunden an, und die Kunden, die Sie anziehen, zahlen nur ungern Ihren Preis oder können nur durch Rabatt von einer Zusammenarbeit mit Ihnen überzeugt werden, wobei diese Zusammenarbeit dann letztlich meist wenig Spaß macht und wenig gute Resultate bringt. Eine ungenaue Zielkunden-Definition ist häufig die Ursache, dass Sie Ihren Premium-Preis nicht im Markt platziert bekommen oder immer wieder hören, Sie seien zu teuer.

Zudem versuchen Sie insgeheim mit jedem zu sprechen, weil Ihr Angebot angeblich jedem helfen kann. Das führt dazu, dass Sie von niemandem verstanden oder gehört werden. Wenn Sie versuchen, jeden anzusprechen, wird Ihre Kommunikation so generisch, dass niemand sich angesprochen fühlt. Vor allem nicht in der heute lauten und schnellen Zeit des Internets. Sie werden zu viel Geld für Anzeigenschaltung ausgeben und Ihre Marketingmaßnahmen werden trotzdem einfach nicht fruchten.

### DURCH EINGRENZUNG DER ZIELGRUPPE DEN PERFEKTEN ZIELKUNDEN BESTIMMEN

Es ist verständlich, dass Sie jetzt Angst davor haben, jemanden aus Ihrer Zielkundschaft auszuschließen. Aber glauben Sie mir, dass dies unglaublich wichtig ist. Eine zu breite Zielkunden-Definition kann Ihr Business schneller in den Ruin treiben als Sie glauben. Und wenn Sie die Vogelperspektive einnehmen wird Ihnen schnell klar, dass es einfach kein Produkt oder Angebot gibt, das wirklich für jeden passt. In jedem Markt gibt es die kleinen, feinen Unterschiede. Um also Ihren perfekten Zielkunden zu bestimmen, müssen Sie aufhören, wie Sie zu denken, und damit starten, wie Ihr Kunde zu denken. Schauen Sie sich das Leben aus seinen oder ihren Augen an. Das wird Ihnen natürlich erst dann gelingen, wenn Sie Ihren Kunden auch wirklich zuhören, sie beobachten und sich mit ihren Gedanken und Gefühlen auseinandersetzen. Das ist meist schwieriger als es sich zunächst anhört. Es geht darum, wirklich zu verstehen und mitzufühlen. Dazu müssen Sie nämlich auch erst mal aufhören zu glauben, dass Sie bereits genau wissen, was Ihr Kunde will. Sie müssen hier also Herz und Geist öffnen, um die Welt aus der Sicht Ihrer Kunden zu sehen.

Wenn Sie noch am Anfang Ihrer Selbstständigkeit stehen, dann definieren Sie Ihren perfekten Zielkunden bitte für Ihr allererstes Coaching-Angebot.

Wenn Sie bereits länger im Business sind und unterschiedliche Produkte (wie zum Beispiel Bücher, Audio-Dateien, Online-Kurse etc.) oder Angebote haben (wie beispielsweise persönliche Coachings zu unterschiedlichen Herausforderungen/mit unterschiedlichen Ergebnissen), dann definieren Sie zunächst Ihren perfekten Zielkunden für das *eine* Angebot oder Produkt, das Ihnen finanziell am meisten einbringt oder von dem Sie am meisten begeistert sind und an dem Sie am meisten Spaß haben.

### TYPISCHE FRAGEN UND DENKFEHLER

Eine typische Frage, die bei dieser Arbeit immer aufkommt ist die Frage, worauf dieser perfekte Zielkunde basiert. Auf Ihren Wünschen oder Träumen? Oder auf der Realität?

Wenn Sie bereits Kunden hatten, könnte die Basis für diesen perfekten Zielkunden jemand sein, mit dem Sie sehr gern zusammengearbeitet haben und gute Ergebnisse erzielt haben. Von dieser Sorte Mensch hätten Sie gern mehr Kunden. Vielleicht hatten Sie auch bereits mehrere wunderbare Kunden und es wird eine Mischung aus diesen Menschen. Wichtig ist, dass Sie diesen Menschen aus tiefster Überzeugung gerne weiterhelfen würden.

Wenn Sie gerade erst mit Ihrem Business gestartet sind und noch keine Kunden haben, stecken da natürlich viele Annahmen drin, die Sie jedoch im Prozess gern auch überprüfen können. Dazu hilft es kreativ zu werden und mit möglichen Zielkunden Kontakt aufzunehmen. Schauen Sie, mit wem Sie in den sozialen Netzen vernetzt sind und wer Ihr perfekter Zielkunde sein könnte. Fragen Sie diese Personen an, ob Sie Ihnen 20 Minuten Ihrer Zeit schenken, um Ihnen beim Aufbau Ihres Coaching-Business zu helfen. Die meisten Menschen lieben es, behilflich zu sein. Also scheuen Sie sich nicht, um Hilfe zu fragen. Für die Überprüfung können Sie folgenden Fragen nutzen:

- Erzählen Sie mir von Ihrem Business/Ihrer Karriere/Ihrem Leben/Ihrer Partnerschaft (je nachdem, in welcher Nische Sie unterwegs sind). Was ist gerade das Beste daran?
- Wie sieht Ihr typischer Tag aus?
- Was sind die drei Dinge, die Ihnen am meisten Frust bereiten, wenn es um (Ihr Thema/Herausforderung einfügen) geht?
- Was davon hält Sie nachts wach?
- Was hat es Sie bereits gekostet, dieses Thema/Herausforderung (noch) nicht gelöst zu haben?
- Wie würde es sich anfühlen, wenn Sie diese Themen in den Griff kriegen würden?
- Welche Strategien/Angebote/Dienstleistungen haben Sie in diesen Bereichen schon ausprobiert? Was hat funktioniert und was nicht?
- Was müsste das Ergebnis sein, wenn Sie einen solchen Service kaufen?
- Was mochten Sie am meisten an dem Service/an der Lösung, den/die Sie bisher gekauft haben?
- Was mochten Sie überhaupt nicht? Was hätte man besser machen können? Was war enttäuschend?
- Was wäre ein absoluter Traum für Sie in Bezug auf (Thema/Herausforderung einfügen)?
- Wie würde eine Dienstleistung in diesem Bereich aussehen, die Sie mit Freude kaufen würden?
- Haben Sie bereits nach einer solchen Lösung gesucht? Wenn ja, wo?
- Wie bewerten Sie, ob ein Angebot/eine Dienstleistung für diese Herausforderung für Sie passend wäre oder nicht?
- Was muss passieren, damit Sie dieses Problem wirklich angehen?

Wenn Sie mutig sind und feststellen, dass Ihr Gegenüber ein perfekter Zielkunde für Sie sein könnte, dann bieten Sie ihm doch gern gleich ein separates Erstgespräch (gern nennen Sie es für diesen

Zweck ›Strategie-Gespräch‹) an und nutzen Sie die Gelegenheit für Ihr erstes Akquise-Gespräch.

### SIND SIE SELBST IHR PERFEKTER ZIELKUNDE?

Sehr oft endet diese Zielkunden-Definition in der Beschreibung einer Person, die sehr an Sie selbst erinnert. Das ist nicht verwunderlich, denn sehr oft kommt es vor, dass Sie selbst ein perfekter Zielkunde für sich wären. Vielleicht wollen Sie Menschen helfen, die in einer ähnlichen Krise stecken, wie Sie einst gesteckt haben. Das ist völlig Ordnung, es ist aber nicht Voraussetzung. Wenn Sie beispielsweise Menschen bei Burn-Out weiterhelfen wollen, ist es nicht Voraussetzung, dass Sie selbst mal einen hatten. Um jemanden von einer Zusammenarbeit zu überzeugen, müssen Sie ihn zunächst verstehen. Sie müssen wissen, was er oder sie zu sich selbst sagt, welche Ängste und Bedürfnisse diese Person hat. Gerade als Coach mit sehr persönlichen Angeboten sind Sie umso erfolgreicher, je besser Sie sich in den Zielkunden hineinversetzen können. Das ist also eigentlich keine Business-Übung, sondern eine Übung in Vorstellungskraft, Empathie und Einfühlungsvermögen.

### DEN ZIELKUNDEN LEBENDIG WERDEN LASSEN

Um jetzt Ihren einen perfekten Zielkunden zu bestimmten, listen Sie bitte die gemeinsamen Eigenschaften Ihrer Zielgruppe auf – sowohl demografisch als auch psychografisch. Was haben die Menschen in Ihrer Zielgruppe gemein? Dann packen Sie alle diese Gemeinsamkeiten in eine einzige Person. Geben Sie dieser Person einen Namen, eine Haarfarbe, ein Aussehen, einen Beruf, einen Familienstatus usw. Kreieren Sie eine wirkliche Person. Wenn Sie ein bildlicher Mensch sind, hilft es Ihnen zudem vielleicht sich ein Foto aus dem Internet zu ziehen, um zu verdeutlichen, wie Ihr idealer Zielkunde in Ihrem Kopf aussieht. Diese Übung ist natürlich nur für Sie gedacht, also keine Angst bezüglich Copyrights von Bildern aus dem Internet, so lange Sie Ihre Ergebnisse nicht öffentlich verteilen. Danach schreiben Sie die Geschichte Ihres perfekten Zielkunden. Sie sehen die Welt also aus seinen Augen, gehen in seinen Schuhen und fühlen die Emotionen Ihres perfekten Zielkunden. Sie schreiben also wirklich aus seiner Sicht, nicht aus Ihrer.

Nehmen Sie sich zwei oder drei Stunden Zeit und denken Sie genau darüber nach, wer Ihr perfekter Zielkunde ist, was er fühlt, wie seine Situation ist und vor allem, in welchem Gefühlszustand er sich befindet, wenn er Ihre Angebote oder Produkte braucht. Schreiben Sie Ihre Antworten auch wirklich auf und machen Sie die Übung nicht nur im Kopf.

Diese Übung ist sicherlich nicht ganz einfach, aber sehr wichtig für Ihren Erfolg. Und natürlich können Sie Ihren perfekten Zielkunden über die Zeit weiter schärfen. Sie müssen die teilweise unlogischen Ängste und tiefsten Bedürfnisse Ihres perfekten Zielkunden kennen. Denn, wenn Menschen ein Problem haben, fühlen Sie sich meist verzweifelt und alleine. Das klingt jetzt hoch dramatisch, ist aber häufig so. Beobachten Sie das mal bei sich selbst – man fühlt sich manchmal, als wäre man der einzige Mensch auf dieser Welt, der dieses Problem hat. Selbst wenn es nur darum geht, ein perfektes Geschenk zu finden. Wenn Sie diese oftmals verborgenen Ängste kennen, fühlt sich Ihr Zielkunde von Ihnen verstanden. Sie können sich vorstellen, was in ihm oder ihr vorgeht und finden gemeinsam die Lösung für sein oder ihr Problem. Die tiefsten Bedürfnisse zu kennen, zeigt zudem, dass Sie eine Vision für Ihre Kunden haben, dass Sie an sie glauben und ihnen helfen, ihr Ziel zu erreichen.

Wenn Ihr perfekter Kunde das Gefühl hat, dass Sie ihn derart gut verstehen wie sich selbst, haben Sie eine tiefe Beziehung aufgebaut. Und großes Vertrauen. Und großes Vertrauen ist gleichbedeutend mit einer authentischen Beziehung, mehr Verkäufen, mehr Empfehlungen, wiederkehrende Kunden und einem erfüllten Business.

### WAS SIE ÜBER IHREN PERFEKTEN ZIELKUNDEN WISSEN SOLLTEN – HARD FACTS

Neben Name, Alter, Geschlecht, Familienstand, Einkommen und Beschäftigung sind das vor allem Lebensansichten und Werte, Lieblingsbücher, Lieblingsmusik oder TV-Shows, welche Magazine sie liest, welchen Blogs er folgt, welche Facebook-Seiten sie abonniert hat, was er googelt, wenn es um Ihr Thema geht, welche Events sie besucht, was er in seiner Freizeit macht und ihm Vergnügen bereitet, wen sie verehrt, welche Marken er mag und welche Videos sie schaut.

Noch wichtiger aber sind die Gefühlswelt und die Antworten auf die Fragen:

- Was, fürchtet Ihr perfekter Zielkunde, könnte auf sein Leben zutreffen, was in Zusammenhang mit Ihrem Coaching-Thema steht?
- Wovor fürchtet sie sich am meisten? Was hält sie nachts wach?
- Was stresst ihn regelmäßig?
- Was schiebt sie immer noch vor sich her, weil es in ihr Angst auslöst?
- Was wäre das Schlimmste, was in seinem (Business-)Leben passieren könnte?
- Wie würden enge Freunde, Familie und Kunden reagieren, wenn sie über diese Situation informiert wären?
- Was, fürchtet sie, könnte in ihrem Leben passieren, wenn diese Situation anhält oder sich gar verschlechtert?
- Wo wird er Macht, Einfluss oder Kontrolle in seinem Leben verlieren, wenn die Dinge sich nicht ändern oder wenn sie sich verschlechtern?
- Was, würde er sich wünschen, würden Dienstleister in dieser Branche über ihn verstehen?
- Welche heimlichen Wünsche hat sie?
- Was wäre, wenn ihre Traumlösung existieren würde, für die sie fast alles bezahlen würde?

- Wenn diese Traumlösung auftauchen und sich als perfekt herausstellen würde, wie würde seine Geschichte weitergehen?
- Wie werden andere auf sie reagieren, wenn sie diese Situation perfekt gemeistert hat?
- Wo in seinem Leben wird er mächtig und einflussreich sein, wenn seine Traumsituation wahr werden würde?

Je mehr Sie den emotionalen Zustand und die Lebenswirklichkeit Ihres Zielkunden kennen, je effektiver wird Ihre Kundenansprache. Und zwar selbst dann, wenn Sie diese Ängste und Bedürfnisse gar nicht direkt ansprechen.

## IHR ERGEBNIS

Nachdem Sie Ihren perfekten Zielkunden definiert haben, dürfen Sie nun das Ergebnis festlegen, das Sie ihm bieten. Nochmals: Niemand kauft etwas, das *eventuell* und *vielleicht* zu einer Verbesserung der eigenen Situation führen könnte. So weh das auch tut, besonders für coachingaffine Menschen: Coaching selbst ist nicht das, wonach Ihre Zielkunden suchen. Zielkunden suchen nach Lösungen für ihr Problem. Nicht mehr und nicht weniger. Wie er oder sie das Problem löst, ist ihm oder ihr erst mal egal. Das kann durch Coaching passieren, durch Meditation, Hypnose oder durch Voodoo. Wir Menschen sind allesamt kleine Egozentriker und wollen als erstes wissen, was für uns ›drin‹ ist. Die Art und Weise, die Methode wie das Problem gelöst wird, ist erst mal zweitrangig.

### WAS BIETEN SIE?

Bieten Sie daher nicht Coaching an sich an, sondern ein Ergebnis. Die Sprache Ihrer Zielkunden ist eine Ergebnissprache. Daher gilt es auch an dieser Stelle nicht zu zurückhaltend zu sein. Sagen Sie Ihrem Gegenüber, was für sie drin ist, wenn sie mit Ihnen zusammenarbeitet. Was ist hinterher für sie besser? Und dabei geht es im ersten Schritt bitte nicht um die Methoden, die Sie bieten.

Es geht also nicht um Workshops, Einzel- oder Gruppen-Coachings, systemische Methoden oder sonstiges in der Art. Es geht um Ergebnisse. Bieten Sie ›mehr Umsatz‹ oder ›Wachstum‹, wenn Sie in die Business- oder Vertriebs-Nische einsteigen oder dort bereits sind. Bieten ›den Traumpartner finden‹ wenn Sie wissen, wie man das macht. Bieten Sie ›das nächste Karrierelevel‹, ›gesteigerte Team-Performance‹ oder ›ein erfülltes Privatleben‹, wenn Sie Karriere-Coach sind oder mit Führungskräften arbeiten wollen.

Weitere Ergebnisse sind beispielsweise: Mehr Umsatz, weniger Gewicht, mehr Kunden, mehr Glück, weniger Schmerzen, mehr Mut, weniger Gedankenkarussell, weniger Stress, mehr Schönheit, mehr Erfolg, weniger Angst, weniger Druck, Traumjob, Traumpartner, Traumfigur, Traum-Business, mehr Leichtigkeit usw.

Wobei wir hier eine Abstufung vornehmen müssen. Gerade die weicheren, wenig messbaren aber positiven Ergebnisse wie Glück, Klarheit oder Zufriedenheit sind weniger attraktiv, als die Vermeidung von negativen Auswirkungen, wie weniger Stress, weniger Streit, weniger Druck etc. Schmerzen zu vermeiden. Negatives zu vermeiden, ist für Menschen immer wichtiger als einen Zugewinn zu erreichen.

Ich treffe an dieser Stelle immer wieder auf Coaches, die nicht negativ kommunizieren wollen. Also gern ›mehr Glück, Zufriedenheit oder Klarheit‹ anbieten. Das ist aber weniger attraktiv, weil es einfach wenig greifbar ist, denn was heißt denn mehr Glück, warum brauche ich denn mehr Klarheit und wer sagt mir, dass dann hinterher was besser ist? Wenn Sie solche Ergebnisse bieten, würde ich diese entweder ›umkehren‹, also nicht sagen, welchen Zugewinn jemand hat, sondern was er dann künftig vermeidet.

### FRAGEN, DIE SIE SICH STELLEN KÖNNEN UM IHR ANGEBOT ZU FINDEN

Wenn Ihnen noch nicht ganz klar ist, wie das Ergebnis aussieht, das Sie bieten wollen oder können, können Sie sich folgende Fragen dazu stellen:

- Welches Problem lösen Sie leidenschaftlich gern?
- Bei was werden Sie um Hilfe gebeten?
- Welche Lebenskrisen haben Sie selbst für sich gelöst oder sind Sie dabei zu lösen? – Oftmals qualifizieren uns unsere eigenen Krisen, die wir selbst gelöst haben, zum Experten für diese Herausforderungen.
- Über welche Themen können Sie gar nicht aufhören zu sprechen/schreiben?
- Was ist Ihr Herzensthema?
- Wenn Sie einen Vortrag halten würden, über welches Thema würden Sie sprechen?
- Wenn Sie ein Buch schreiben würden, was wäre der Titel?
- Wenn Sie eine einzige Weisheit mit der Welt teilen könnten, welche wäre es?
- Zu welchem Thema können Sie sich vorstellen immer wieder Content zu produzieren (Seminare, Webinare, Vorträge, Blog-Beiträge, Interviews etc.)?

## WARUM SIE SOWOHL EINE EINGRENZUNG BEI DER ZIELGRUPPE ALS AUCH EIN ERGEBNIS BRAUCHEN

Wenn Sie zwar eine spezifische Zielgruppe haben, aber kein Ergebnis bieten, gibt es keinen Grund, mit Ihnen zusammen zu arbeiten. Es wird Sie viel Überzeugungsarbeit kosten, Kunden zu gewinnen. Ihr Zielkunde weiß dann zwar, dass er in Ihr Zielkundenraster passt, aber nicht, warum er mit Ihnen zusammenarbeiten sollte und was hinterher besser ist für ihn.

Wenn Sie zwar ein Ergebnis bieten (beispielsweise die Traumkarriere finden), aber keinen perfekten Zielkunden wählen, sind Sie immer noch zu breit aufgestellt. Die Traumkarriere sieht für einen Manager ganz anders aus als für eine Mutter, die den Wiedereinstieg schaffen will. Die Sprache, die Sie dann wählen, um Ihre Zielkundschaft anzusprechen, wird zu generisch und nichtssagend. Sie können sich sicherlich vorstellen, dass schon allein Ihr Website-Text ganz anders aussieht, wenn Sie den Manager oder die Managerin ansprechen als wenn Sie mit Berufsrückkehrern sprechen.

## Alleinstellungsmerkmal

Per Definition können Sie nur dann aus der Masse hervorstechen, wenn Sie anders sind als alle anderen. Bei über 50.000 Coaches in Deutschland (wenn wir nur von den Coaches ausgehen, die sich auf XING Coaches angemeldet haben) ist das nicht so einfach.

Der Aufbau dieses Expertenstatus gelingt nicht rein über die Nische, denn wie bereits gelernt, gibt es dafür zu viele Coaches in jeder einzelnen Nische. Der Aufbau dieses Expertenstatus erfolgt über Ihre eigene Persönlichkeit. Schließlich gibt es nur eine Person auf dieser Erde, die die gleichen Werte hat wie Sie, die gleichen Erlebnisse, Erfolge und Rückschläge erlebt hat, wie Sie. Und das sind Sie! Und niemand anderes kann mit einem wahren Original konkurrieren. Anstatt im Coaching-Business also einen USP (Unique Selling Proposition) zu entwickeln – auf Deutsch: ein Alleinstellungsmerkmal – das es bei der Anzahl an Coaches in jeder Nische einfach nicht geben kann, ohne den Zielmarkt zu sehr zu begrenzen – gilt es für Sie Ihre eigene Persönlichkeit in Ihr Business einzubringen.

Im Marketing und in der Verkaufspsychologie wird das Alleinstellungsmerkmal als das »herausragende Leistungsmerkmal« bezeichnet, mit dem sich ein Angebot *deutlich* vom Wettbewerb abhebt (de.wikipedia.org/wiki/Alleinstellungsmerkmal [23.10.2019]).

Das Alleinstellungsmerkmal sollte verteidigungsfähig, also möglichst nicht kopierbar, zielgruppenorientiert, also wertvoll und wahrnehmbar für Ihre Zielgruppe, und wirtschaftlich sein (also einen ausreichend großen Markt beschreiben) sowie in Preis, Zeit und Qualität erreicht werden.

Übersetzt für Coaches ist das Alleinstellungsmerkmal somit das Zusammenspiel

- der einzigartigen Persönlichkeit,
- der persönlichen Geschichten,
- des eigenen Stils, der sich in Ihrer Sprache und Ihrer Stimme ausdrückt (also der Art und Weise, wie Sie kommunizieren), sowie
- der von Ihnen genutzten Kommunikationswege,

die Ihr Coaching-Business und Sie selbst so einzigartig machen, dass praktisch keine Wettbewerber mehr neben Ihnen bestehen können.

## IHRE PERSÖNLICHKEIT

Wenn Sie wie ich noch aus der sogenannten Old-Economy kommen und der Fokus aller Aktivitäten in den Unternehmen, in denen Sie gearbeitet haben, vor allem auf einer konstruierten Marke lag, fällt es Ihnen sicherlich zunächst schwer zu akzeptieren, dass Ihre Persönlichkeit einer der ausschlaggebenden Faktoren dafür ist, dass Sie sich von Ihren Wettbewerbern abheben. Sollte hier nicht Ihre Expertise im Vordergrund stehen?

Selbstverständlich ist Ihre Expertise wichtig, aber wenn es darum geht, ein profitables Coaching-Business aufzubauen, gewinnt am Ende nicht der bessere Coach, sondern der, der sich besser vermarktet und verkauft. Derjenige, der sichtbarer ist und mit dessen Werten, Erlebnissen und Geschichten wir uns verbinden können. Im Coaching-Business ist es für eine erfolgreiche Kundengewinnung notwendig, dass Ihre Zielkunden Ihnen vertrauen. Mehr noch als jede andere Dienstleistung sind Sie mit Ihrem Coaching im Vertrauens-Business. Wir beauftragen denjenigen Coach, dem wir am meisten vertrauen, mit dessen Werten und Erfahrungen wir uns am meisten verbinden. Die Expertise setzen wir voraus genauso wie wir beim Autokauf voraussetzen, dass es schon stimmen wird, dass das Fahrzeug 180 PS hat.

Aus diesem Grund ist Ihre Persönlichkeit wichtig. Wir Menschen wollen mit Menschen zusammenarbeiten. Der Nasenfaktor schlägt an der Stelle zu, denn auch wenn das Angebot noch so gut ist, wenn das Menschliche zwischen Coach und Coachee nicht stimmt, kommt in der Regel kein Auftrag zustande. Je echter und authentischer Sie sich nach außen zeigen, umso mehr werden sich Ihre Zielkunden mit Ihnen verbinden. Dabei geht es nicht darum, dass Sie sich als makellos und fehlerfrei präsentieren, sondern als Mensch – mit Fehlern, Ecken und Kanten.

Wie bereits gesagt geht es besonders im Coaching nicht darum, anderen immer zu gefallen. Sie müssen in der Lage und bereit sein, auch mal unangenehme Wahrheiten auszusprechen und im Gegenzug auch Kritik auszuhalten. Wenn Sie das tun, erreichen Sie, dass künftig auch vor allem die Kunden auf Sie zukommen, mit denen Sie wirklich arbeiten wollen und mit denen es Spaß macht zu arbeiten. Die Amerikaner würden sagen: Walk your talk. Also leben Sie das vor, was Sie selbst Ihren Zielkunden erzählen und wofür Sie mit Ihrer Expertise stehen. Das führt zu Glaubwürdigkeit und Vertrauen und somit zu mehr Kunden.

### MINDSET MOMENT – MUTIG COACHEN ANSTATT IHREN ZIELKUNDEN ZU GEFALLEN

Es ist gar nicht so einfach, Ihre authentische Persönlichkeit nach außen hin zu zeigen, denn als Coach kommt es für Sie nicht darauf an, von allen gemocht zu werden. Gerade als Coach dürfen Sie den Finger in die Wunde legen und unangenehme Wahrheiten aussprechen.

Das bringt Ihnen insbesondere zu Beginn Ihres Coaching-Business jedoch nicht nur Sympathien.

Um Ihr profitables Coaching-Business aufzubauen, brauchen Sie aber weniger die Sympathie Ihrer Zielkunden als eher die Achtung und den Respekt, dass Sie mit Ihrem Coaching einen wirklichen Unterschied bewirken. Scheuen Sie sich also nicht, Ihren Kunden und Zielkunden die Augen zu öffnen, anstatt sich als Dienstleister zu sehen, dem es – um Kunden zu gewinnen – erst mal darum geht, es jedem recht zu machen.

## IHRE GESCHICHTE – WIE IHRE PERSÖNLICHE GESCHICHTE SIE ZUR LEGENDE MACHT

Es sind Ihre persönlichen Geschichten, die bewirken, dass Ihre Zielkunden sich an Sie erinnern und in einem positiven Zusammenhang sehen. Diese Geschichten ermöglichen es Ihren Zielkunden auch, sich mit Ihnen zu identifizieren. Und genau solche Geschichten werden auch gerne weitererzählt, was Sie zur Legende macht. Der Schlüssel zum Erfolg ist es hier, eine Verbindung mit Ihren Zielkunden herzustellen. Durch Ihre persönliche Geschichte stellen Sie sicher, dass Sie die für Sie perfekte Zielgruppe anziehen. Die besten Marken haben alle großartige Geschichten – beispielsweise Ferry Porsche, der den Wagen, von dem er träumte nicht finden konnte und ihn sich – in wirtschaftlich schwierigen Zeiten – einfach selbst baute. Der 356 ist heute legendär und die Marke Porsche sowieso. Dass Geschichten den Unterschied machen, gilt aber nicht nur für große Marken, sondern auch für uns Coaches. Geschichten sind unglaublich wichtig für Ihren Expertenstatus.

Am besten funktionieren Ihre Geschichten dann, wenn sie nach einem der folgenden Muster gestrickt sind.

ERFOLGSMUSTER 1: ENTDECKUNG

Die Entdeckung ist vielleicht die wichtigste Geschichte für uns als Unternehmer – denn es ist sehr wahrscheinlich, dass auch zu Beginn Ihres Unternehmens eine Problemstellung bestand, die Sie unbedingt lösen wollten oder mussten. Was konnten Sie in Ihrem Umfeld nicht mehr ertragen und mussten es einfach ändern? Welches Problem hat Sie so gestört, dass Sie unbedingt eine Lösung finden oder anbieten mussten? Waren Sie beispielsweise schon einmal in der gleichen Situation wie Ihre Kunden und haben daher Ihr Coaching-Business gestartet?

ERFOLGSMUSTER 2: VERLUST UND WIEDERGEWINN

Bei Verlust und Wiedergewinn geht es um Krisensituationen. Vielleicht haben Sie eine Krisensituation in Ihrem Business (oder auch anderen Bereichen) erlebt, aus der Sie am Ende gestärkt hervor gingen? Aus welchen Krisensituationen oder Rückschlägen sind Sie gestärkt hervorgegangen? Welche Krisen, Schlüsselsituationen, Erfolgserlebnisse oder Rückschläge haben Sie erlebt, die in Zusammenhang mit Ihrem Business stehen?

ERFOLGSMUSTER 3: DAVID GEGEN GOLIATH

Oder auch die Underdog-Story: Gibt es etwas, dass Sie in Ihrer Branche absolut nicht gut finden und daher fast schon bekämpfen? Grundlage dieses Erfolgsmusters ist nämlich ein gemeinsamer ›Feind‹ gegen den Sie sich mit Ihren Zielkunden verbinden. Dieses Thema sollte vielleicht nicht unbedingt ganz für sich alleine stehen, kann aber gut in Ihre persönlichen Geschichten integriert werden. Wo waren Sie unterlegen und sind überlegen hervor gegangen? Wo haben Sie Erwartungen übererfüllt? Wo wurden sie unterschätzt und hinterher geschätzt?

ERFOLGSMUSTER 4: AUFSTIEG

Ein weiteres starkes Thema ist der Aufstieg; die berühmte ›vom Tellerwäscher zum Millionär‹ Geschichte. Sind Sie vielleicht mit sehr bescheidenen Mitteln in Ihr Business gestartet und haben sich nach oben gekämpft? Sie müssen nicht bereits Millionär sein, um diese Geschichte zu erzählen, sondern immer nur einen Schritt vor Ihren Zielkunden. Mit welchen Widerständen hatten Sie zu kämpfen? Welche Glaubenssätze und Einstellungen hatten Sie dazu zu überwinden? Wo haben Sie sich durchgesetzt, sind drangeblieben und haben aus einer nahezu ausweglosen Situation das Beste herausgeholt? Wo waren Sie am Boden und sind wieder aufgestanden? Wo konnten Sie beweisen, dass Sie Recht hatten, obwohl andere vielleicht nicht an Sie geglaubt haben? Wo haben Sie Durchhaltevermögen bewiesen?

Je mehr Sie über Ihre eigenen Geschichten nachdenken, umso mehr werden Sie feststellen, dass Sie viele Themen bereits erlebt haben. Sie können selbstverständlich jederzeit mischen und ergänzen. Jede dieser Geschichten muss natürlich zu 100 % wahr sein. Sie sollten auch nur solche Geschichten einbringen, die Sie in dem Licht erscheinen lassen, in dem Sie gesehen werden wollen. Dennoch sollte diese Geschichte Sie nicht als Tausendsassa darstellen, sondern auch Elemente des Scheiterns enthalten. Betrachten Sie, wie Sie die Situation gelöst haben und welche Ergebnisse Sie erzielt haben, denn das ist ziemlich sicher das, nachdem Ihre Zielkunden ebenfalls suchen. Das ist dann der Mehrwert, den Sie mit Ihrer Geschichte für Ihre Zielkunden liefern. Sie erzählen eine spannende Geschichte *und* bieten Ihre Erkenntnisse daraus an. Somit verhindern Sie, dass Ihre Zielkunden die gleichen Fehler machen wie zum Beispiel nicht an sich glauben, aufgeben und so weiter und so fort.

## WIE SIE IHRE STIMME FINDEN

Ein wichtiger Teil Ihres Alleinstellungsmerkmals ist die Art und Weise, wie Sie kommunizieren. An dieser Art und Weise werden Sie gar nicht so viel verändern wollen oder können. Das ist völlig in Ordnung. Dennoch dürfen Sie nicht unterschätzen, wie Sie über Ihren eigenen Kommunikations-Stil – ich nenne das Ihre ›Stimme‹ – in Richtung Ihrer Zielkunden wirken. Sind Sie beispielsweise eher der spirituelle Typ oder durch und durch bodenständig? Kommunizieren Sie meist witzig oder lieber tiefgründig? Ihre eigene Stimme ist bereits vorhanden. Es gilt für Sie jetzt, diese in Richtung Ihrer Zielkunden auszunutzen. Gerade beim Start ins Coaching-Business fällt es vielen Coaches schwer, die authentische Stimme nach außen zu kommunizieren. Jeder hat schließlich Ansichten, Werte und Meinungen, die nicht immer auf allgemeinen Konsens stoßen und somit auch Kritik hervorrufen können. Machen Sie sich nichts daraus, sondern machen Sie sich klar, dass Sie genau dann auf dem richtigen Weg sind, wenn Sie polarisieren. Der Weg zu Ihrem profitablen Coaching-Business beinhaltet den Aufbau Ihres Expertenstatus. Dieser ist mit zunehmender Bekanntheit gekoppelt. Und zunehmende Bekanntheit heißt auch immer zunehmende Kritik.

### MINDSET-MOMENT: WIE SIE MIT ÖFFENTLICHER KRITIK UMGEHEN

Wenn Sie Ihr Business wachsen lassen wollen und sich auf den Weg zu mehr Bekanntheit und mehr Kunden machen, wird Ihre gesteigerte Sichtbarkeit vor allem in den neuen und sozialen Medien Kritiker auf den Plan rufen. Das ist völlig normal. Lassen Sie sich davon nicht abhalten. Es gibt keinen bekannten Experten da draußen, der keine Kritiker hätte. Selbst Pumuckl und Mickey Mouse haben sogenannte ›Hater‹, die sich auf YouTube öffentlich negativ äußern.

Konstruktive Kritik anzunehmen, ist selbstverständlich erlaubt und kann Ihnen helfen, besser zu werden. Viel Kritik wird jedoch geäußert, die nur als ›konstruktiv‹ getarnt ist. Beispielsweise kritisiert Sie jemand für ein von Ihnen gedrehtes Video, hat jedoch selbst noch nie ein Video produziert. Nehmen Sie Kritik bitte nur von solchen Personen an, die in ›Ihrer Arena‹ spielen und sich selbst der Herausforderung stellen.

### UNTERSCHEIDUNGSKRITERIUM: KOMMUNIKATIONSWEG

Auch wenn viele Coaches bereits bloggen und mehr und mehr Videos und Podcasts veröffentlicht werden: Ihre individuellen Kommunikationswege sind eine weitere Möglichkeit, um sich von Ihren Wettbewerbern zu unterscheiden.

Ein absolutes Muss als Voraussetzung für Videos und Podcast ist ein *Blog,* also der Ort auf Ihrer Website, über den Sie regelmäßig neue Inhalte schriftlich kommunizieren. Das ist die Minimalversion Ihres Kommunikationswegs an Ihre Zielkunden. Nur wenn Sie regelmäßig veröffentlichen, werden Sie als Experte oder Expertin wahrgenommen. Ihre Positionierung kann noch so gut und einzigartig sein, wenn Sie diese nicht regelmäßig an Ihre Zielkunden kommunizieren, wird sie nicht wahrgenommen.

Viel schneller als über eine rein schriftliche Kommunikation in Form eines Blogs, lässt sich der Kennen-Mögen-Vertrauen-Faktor über *Videos* aufbauen. Ihre Zuschauer nehmen Sie auf Video mehrdimensional wahr und bewerten viel schneller, ob sie Sie mögen und Ihnen vertrauen. Natürlich ist nicht jeder für Videos geboren. Viele sind jedoch überrascht, wie positiv sie nach einigen Versuchen auf Video wirken. Wie alles, was wir noch nie gemacht haben, liegt auch der Dreh von Videos zunächst außerhalb unserer Komfortzone und es fühlt sich seltsam an, sich selbst im Film zu sehen. Wenn Sie jedoch einmal damit starten, werden Sie schnell besser und sicherer.

Um regelmäßig Videos zu veröffentlichen, brauchen Sie heute zudem nicht mehr ins Studio gehen. Eine Handykamera, ein Fotografen-Beleuchtungsmittel wie beispielsweise eine Softbox für wenige Euro und ein Mikrofon reichen aus, um Videos zu produzieren, die für den Start ausreichend sind. Wenn Sie sich wohler fühlen, dürfen Sie selbstverständlich auch in ein Studio gehen. Mittlerweile gibt es einige günstige Angebote dafür.

Wenn Sie sich überhaupt nicht vorstellen können, vor die Kamera zu treten, ist ein *Podcast* eine hervorragende Alternative. Gerade wenn Menschen zu Ihren Zielkunden gehören, die viel unterwegs sind. In vielen neueren Auto-Modellen sind mittlerweile Podcast-Apps bereits vorinstalliert, so dass es immer einfacher wird, Podcasts zu abonnieren und unterwegs anzuhören. Damit positionieren Sie sich ebenfalls als Experte.

Auch die Produktion von Podcasts ist mittlerweile kinderleicht. Audio-Aufnahmen können Sie mit einer kostenlosen Software wie Audacity aufnehmen. Dazu reicht ein Kondensatormikrofon mit Popschutz aus, um eine gute Qualität zu erzielen. Zudem gibt es günstige Podcast-Dienstleister, die Ihnen beim Schnitt, bei der weiteren Verbesserung der Ton-Qualität, sowie bei der Veröffentlichung und Verteilung Ihres Podcasts helfen. Empfehlungen dazu finden Sie in der Ressourcen-Liste unter coaching-business-mastery.de/buchdownloads.

## Die Rolle Ihrer Mission – Warum tun Sie, was Sie tun?

Wie bereits erläutert, bewirkt Ihre Positionierung, dass das Becken, in dem Sie gerade schwimmen, nicht mehr blutrot von den sich gegenseitig zerfleischenden Haifisch-Coaches ist. Stattdessen planschen Sie in einem Ozean, der zwar immer noch gut gefüllt ist, in dem aber bereits weniger Mitspieler um Aufmerksamkeit buhlen.

Neben Ihrer einzigartigen Persönlichkeit, spielt dabei Ihre Mission eine entscheidende Rolle. Für Ihre Zielkunden ist es wichtig zu erfahren, warum Sie tun, was Sie tun. Hier geht es darum auszudrücken, wofür Sie stehen und was Ihre Mission auf dieser Welt bzw. in Ihrer Nische ist. Mit dieser Mission schaffen, Sie es, Interessenten zu Fans und zu Kunden zu machen. Dazu braucht es jedoch eine Mission, mit der sich Ihre Zielkunden identifizieren können und von der sie gerne Teil werden. Ihre Mission muss nicht revolutionär sein und ist meist sogar ziemlich simpel, aber Ihre Zielkunden müssen sich damit identifizieren können. Die Mission hinter meinem Business ist es zum Beispiel, dass Coaching zu einem Must-Have in unserer Gesellschaft werden muss, denn mit Coaching wird das Leben so vieler Menschen da draußen nicht nur besser, sondern außergewöhnlich. Das ist es, was ich mir für die Welt wünschen würde, da ich selbst genau das erlebt habe.

## WIE SIE IHRE MISSION FINDEN

Um Ihre Mission zu finden, sollten Sie sich fragen, was Ihnen im Leben und im Business wichtig ist. Klar, wir wollen alle Geld verdienen, aber wenn wir tiefer gehen, stecken da auch noch weitere Bedürfnisse dahinter.

Gehen Sie zurück in Ihre Kindheit und schauen Sie, was Sie damals ausgezeichnet hat. Für was stehen Sie heute? Fragen Sie sich – auch wenn die Gründung Ihres Unternehmens schon lange zurück liegt – warum Sie das Ganze machen. Was macht Ihnen Spaß an Ihrem Business? Welchen Wert bietet Ihr Coaching? Was wollen Sie damit in der Welt oder – wenn Ihnen das zu groß ist – in der Welt Ihrer Zielkunden bewirken?

## WIE SIE IHRE MISSION ›UMSETZEN‹ UND EINE COMMUNITY BILDEN

Ihre Mission bewirkt, dass Sie einen ›Stamm‹ rund um Ihr Business aufbauen können. Eine Community, die Ihnen folgt, Sie mag und Ihnen vertraut. Ihre perfekten Zielkunden in größerer Anzahl. Ihre Mission gibt Ihnen zudem Themen für Ihre Kommunikation, die über Ihr Coaching hinausgehen.

Um eine solche Community aufzubauen, brauchen Sie einige Voraussetzungen, die Ihnen vor allem die Online-Welt zur Verfügung stellt.

- Ein Manifest: Klingt riesig, kann aber genauso auch ein E-Book sein, regelmäßige Video-Veröffentlichungen oder Blog-Beiträge, mit denen Sie Ihre Mission immer wieder manifestieren.
- Einfaches Folgen: Machen Sie es Ihren Zielkunden einfach, Ihnen zu folgen. Sowohl in den sozialen Medien als auch – ganz wichtig – auf Ihrer Website, beispielsweise über den Eintrag in Ihren E-Mail-Verteiler.
- Einfache Verknüpfungen: Machen Sie es Ihren Zielkunden einfach, sich untereinander zu verbinden. Mundpropaganda und persönliche Weiterempfehlungen sind immer noch das beste Marketing. Laden Sie dazu beispielsweise zu regelmäßigen Treffen ein, bauen Sie eine Facebook-Gruppe auf oder initiieren Sie eine Gruppe auf XING. Wenn Ihre Zielkunden damit absolut nichts am Hut haben genügt fürs Erste auch Ihr E-Mail-Marketing.
- Werden Sie sich darüber klar, dass es erst mal nicht um Geld geht, sondern um den Aufbau der Community und darum, dieser Community Mehrwert zu bieten, sowie die Möglichkeit, sich untereinander zu verknüpfen. Verkauf funktioniert heute eben anders als noch vor zehn Jahren, aber Sie werden am Ende erfolgreich sein.

MINDSET MOMENT: IHRE MISSION

Auch wenn das für Sie zunächst pathetisch klingt oder vielleicht sogar realitätsfern: Es ist wichtig, dass Sie Ihr Business aus vollster Überzeugung betreiben und aus den richtigen Gründen: Nämlich um Werte für Ihre Kunden zu schaffen. Mit dieser Einstellung fällt es Ihnen extrem leicht, Ihre Bekanntheit zu steigern und neue Kunden zu gewinnen.

Seien Sie also transparent – Sie müssen nicht Superman oder Superwoman spielen, um erfolgreich zu sein. Fehler, Niederlagen, Entschuldigungen etc. machen uns menschlich und bewirken, dass Ihre Zielkunden sich mit Ihnen verbinden. Schaffen Sie mit Ihrer Mission eine Bewegung, die größer ist, als sie selbst, lassen Sie Ihre Community wachsen und konkurrieren Sie nicht mit ähnlichen Communities, sondern verbinden Sie sich mit ihnen. Genauso wichtig ist es, andere nicht herunter zu ziehen, sondern aufzubauen. Entscheiden Sie zudem genau, wer zu Ihrem Stamm gehört und wer nicht.

# Ihr Angebots-Portfolio

Neben Ihrer Positionierung spielt Ihr Angebots-Portfolio eine wichtige und oft unterschätzte Rolle, wenn es um den Aufbau Ihres profitablen Coaching-Business geht.

Dass Einzelstunden hier der direkte Weg zum Misserfolg sind, haben wir bereits geklärt. Ihre Zielkunden wollen keine Einzelstunden, sondern Ergebnisse. Und diese Ergebnisse erreichen sie, indem sie längerfristig mit Ihnen zusammenarbeiten.

Das Angebots-Portfolio eines profitablen Coaches besteht aus sinnvollen Paketen, die es sowohl bezüglich Dauer als auch hinsichtlich der Intensität sowohl dem Coachee als auch dem Coach erlauben, gewinnbringend zusammenzuarbeiten. Profi-Coaches gehen noch einen Schritt weiter und packen diese Angebots-Pakete auf Grund eines von ihnen selbst entwickelten Programms.

## Ihr Coaching-Programm

Ihr Programm ist Ihr einzigartiges System, durch das Sie Ihre Ergebnisse mit Ihren Zielkunden erreichen. Es ist also Ihre Schritt-für-Schritt-Vorgehensweise, die Sie nutzen, um Ihren Kunden zu helfen und es coacht Ihre Zielkunden hinsichtlich ihrer Fähigkeiten, ihrer Verhaltensweisen, ihres Mindsets, ihres Umfelds, ihrer Herausforderungen/Blockaden.

Ein solches Programm hat zwei Vorteile:

1. Es zahlt auf Ihre einzigartige Positionierung ein. Es ist einzigartig – das gibt es so in dieser Form nur bei Ihnen. Kein anderer Coach nutzt diese Struktur. Sie unterscheiden sich damit von anderen und machen sich gleichzeitig zum Experten, denn nur Experten haben Programme.

2. Ihr Zielkunde erhält die Sicherheit, dass es ein System hinter Ihrem Coaching gibt, dass er Ihrer Anleitung folgen kann und so das gewünschte Ziel erreicht. Es gibt ein System, – eine Schritt-für-Schritt-Anleitung, eine Formel – um Erfolg zu haben.

Diese Formel macht auch Ihr Marketing einfacher, wenn Sie sie beispielsweise in Vorträgen vorstellen. Ihr Programm liefert somit Ergebnisse und macht Ihre Arbeit weniger zufällig. Sie liefern damit kontinuierlichere Ergebnisse, denn Sie folgen jedes Mal dem gleichen Prozess, ohne dabei individuelle Besonderheiten Ihres Coachees außer Acht lassen zu müssen. Der Prozess gibt natürlich nur den Rahmen vor, nicht das Coaching selbst.

## Definition Programm und Premium-Pakete

Ihr Programm ist die Klammer, die Ihr Coaching (pro Zielgruppe und Ergebnis) zusammenfasst. Beispiele hierfür sind HERZ von Sylvia Kéré Wellensiek, LOC von Dr. Björn Migge oder die Mastery-Programme von Anthony Robbins.

Selbstverständlich können Sie mehrere Programme haben – wenn Sie beispielsweise unterschiedliche Zielgruppen oder an unterschiedlichen Schmerzpunkten coachen. Doch zunächst geht es darum, Ihr erstes Flaggschiff-Programm zu entwickeln. Das Programm, das den größten Schmerzpunkt Ihres Zielkunden löst und das größte Ergebnis liefert, das sich Ihr Zielkunde wünscht. Ihr Programm entspricht dann Ihrem umfassendsten Premium-Paket. Das ist das Paket, bei dem Ihr Kunde also alles bekommt, was Sie zu bieten haben. Aus Ihrem Programm können Sie jedoch auch andere Paket-Varianten ableiten, wie beispielsweise Gruppen-Pakete oder Intensiv-Tage.

SHOWCASE: BUSINESS CELEBRITY PROGRAMM

Mein erstes Coaching-Programm hieß Business Celebrity und war ein Programm, das Einzelunternehmern zeigte, wie sie mehr Bekanntheit und mehr Kunden gewinnen konnten. Das Programm dahinter bestand aus 3 Schritten: Der Positionierung, dem Content und der Reichweite. Diese drei Schritte bestanden aus weiteren Unterschritten.

Die Tatsache, dass hinter meinem Coaching dieses System stand, machte für meine Zielkunden *den* Unterschied und ich habe das Programm als Online-Trainings-Paket in zwei Jahren fast 120-mal verkauft. Die Inhalte aus dem Online-Training (eben genau diese Schritte: Positionierung, Content und Reichweite) habe ich zudem in ein Premium-Paket gepackt und mit individuellen persönlichen Sessions angereichert, die ebenfalls online abliefen. Dabei habe ich mir ausgerechnet, dass ich im Idealfall 3 Sessions für die Positionierung brauche, weitere 3 Sessions für den Content und weitere 6 bis 7 Sessions für die Reichweite. Also wurde daraus ein Premium-Paket mit einem Kick-Off-VIP-Tag und zwölf Online-Sessions innerhalb eines halben Jahres, das ich für 5.000 Euro verkauft habe.

## Wie Sie Ihr Programm entwickeln

Ihr erstes Programm entwickeln Sie mit Ihrer idealen Vorgehensweise beim 1:1 Coaching. Reflektieren Sie Ihre Vorgehensweise. Welchen Schritten folgen Sie? Welcher Struktur folgen Sie? Welche (vielleicht noch unbewusste) Formel wenden Sie an? Was machen Sie mit jedem Kunden immer und immer wieder? Wenn Sie Ihr Programm entwickeln, ist Ihr Ziel dabei, dass Ihre Zielkunden sagen ›das ist genau das, was ich brauche‹ und begeistert sind, mit Ihnen zu arbeiten.

Der erste Schritt dazu ist zu definieren, wo Ihr Zielkunde hin will? Was ist das eine Ergebnis, das Ihre Zielkundin erreichen will?

Was ist die große Herausforderung, der ›Kittel-Brenn-Faktor‹? Fragen Sie sich dazu:

- Was ist hinterher für ihre Kundin anders?
- Wie wird sein Alltag hinterher besser sein?
- Was ist das Ergebnis?

Als nächstes definieren Sie die Ausgangslage: Wo stehen Ihre Zielkunden aktuell? Wie sieht die Ausgangslage aus?

Im dritten Schritt legen Sie das System fest. Welchen Schritten folgen Sie bei jedem Kunden. Was sind die einzelnen Schritte, die Sie mit Ihren Kunden durchlaufen? Brainstormen Sie dazu zunächst ohne Beschränkung, was Sie mit Ihren Kunden in Ihrem Coaching-Prozess tun und welche Meilensteine Ihr Kunde im Rahmen Ihres Coaching-Prozesses durchläuft. Das muss noch nicht in einer Reihenfolge sein. Was müssen Ihre Zielkunden tun, lernen, erfahren, um erfolgreich zu sein?

Je nachdem, wie viele Schritte/Punkte/Meilensteine Sie entdeckt haben, werden Sie nicht alle in Ihr System integrieren. Am besten funktionieren tatsächlich 3 bis 5 Haupt-Schritte, unter die Sie die weiteren Schritte packen. Warum nicht mehr Schritte? Weil das den Eindruck macht, dass es kompliziert ist. Wenn Sie 50 Schritte brauchen, um 2 Kilo zu verlieren, ist das nicht attraktiv.

Geben Sie Ihrem System zum Abschluss noch einen passenden Namen. Perfekt sind Namen, die das Ergebnis beinhalten, klar und präzise sind, beispielsweise:

- Mehr leben, weniger wiegen
- Finden Sie Ihren Seelenpartner
- Von der Sackgasse zum Traumjob
- Raus aus dem Durcheinander, rein in die Klarheit
- Babysichere Ehe
- Business Celebrity
- High Performance Coaching

Wenn Sie gerade erst mit Ihrem Coaching-Business anfangen, wird es Ihnen gegebenenfalls noch schwerfallen, ein eigenes Programm zu entwickeln. Wenn das der Fall ist, lassen Sie sich davon nicht aufhalten. Besser unperfekt gestartet als perfekt gezögert. Wichtig ist, dass Sie damit starten zu coachen und dann baldmöglichst den Schritt in Richtung Programm zu gehen. Wenn Sie zunächst keines haben und mit Monatspaketen, VIP-Tagen oder 3-Monates-Paketen starten, ist das ebenfalls in Ordnung.

### MINDSET-MOMENT: SELL THEM WHAT THEY WANT, GIVE THEM WHAT THEY NEED

Viele Coaches fragen sich an der Stelle, wie sie als Coach wissen können, wie der genaue Prozess aussieht, den ihr Kunde durchläuft. Jeder ist doch individuell. Das ist absolut richtig und Sie arbeiten auch weiterhin sehr individuell mit Ihren Kunden und gehen individuell auf die individuellen Herausforderungen ein. Es geht bei Ihrem Programm um den Idealprozess. Diesen brauchen Sie, damit Sie bessere Angebote und Pakete erstellen können, die Ihren Kunden Sicherheit geben und die Sie gleichzeitig besser verkaufen können. Dahinter steckt das Mindset: Sell them what they want, give them what they need.

Beim Verkauf von Coaching geht es immer darum, die Wünsche Ihrer Zielkunden anzusprechen und eine Lösung für deren Herausforderungen zu bieten. Auch wenn Sie wissen, dass das tieferliegende und wirkliche Problem bei Ihren Zielkunden beispielsweise an mangelndem Selbstbewusstsein liegt – wenn Ihr Zielkunde nicht ganz klar den Wunsch nach ›mehr Selbstbewusstsein‹ hat, wird ihn Ihr Programm nicht ansprechen. Es bringt nichts, Ihrem Zielkunden Meditation anzubieten, wenn er eigentlich ›weniger Stress‹ will. Wenn Sie allerdings ein Paket für ›sofort weniger Stress‹ haben und darin als Baustein Meditation anbieten, ist das genau das, was er braucht und Sie bieten können. Wenn Ihr Programm also ein Problem löst, dessen sich Ihre Zielkundin nicht bewusst ist, das sie nicht angehen will oder das sie einfach nicht hat, werden Sie immer Schwierigkeiten haben, es zu verkaufen.

An dieser Stelle gilt es zu unterscheiden, zwischen der Verkaufsphase des Coachings und der aktuellen Coaching-Phase. In der Verkaufsphase adressieren Sie die Lösung, die Ihr Zielkunde sucht. In der Coaching-Phase geben Sie ihm das, was er wirklich braucht. keine Angst: das ist keine Überraschung für ihn, denn die Methodik, wie er sein Ziel erreicht, ist für ihn oder sie zweitrangig. Genau das Gleiche gilt, wenn Sie vor allem über die Bestandteile Ihres Pakets sprechen anstatt über die Vorteile Ihres Programms, also beispielsweise über die Anzahl der Stunden, die beinhalteten Übungen, die Dauer der Sessions usw. Diese Features sind sicherlich wichtig, aber nicht der Grund, warum ein Kunde bei Ihnen kauft. Beachten Sie dies, so schaffen Sie es, ihn für das Investment in sich selbst zu begeistern.

# Die besten Angebotspakete für Coaches

Sinnvolle Angebotspakete haben viele Vorteile für Coach und Coachee. Nachfolgend nenne ich diese Pakete auch Premium-Pakete, auch wenn das Wort ›Premium‹ für viele sicherlich unterschiedliche Bedeutungen hat.

Die Premium-Pakete bieten Ihren Kunden bessere Ergebnisse (und Menschen sind bereit dafür zu zahlen). Sie können aufeinander aufbauen, bilden Ihren Expertenstatus und sind Erfolgsvoraussetzung für Ihr profitables Coaching-Business. Bei größerem Investment sind Ihre Kunden motivierter, das Ergebnis zu erzielen – und Sie haben mehr Spaß an der Zusammenarbeit. Mit besseren Ergebnissen, die Sie in Ihrem Premium-Paketen liefern, erhalten Sie bessere Referenzen und somit wieder mehr Ihrer perfekten Zielkunden. Das ist wie ein Kreislauf, der Sie immer erfolgreicher, Ihre Kunden immer zufriedener und Ihr Business immer profitabler macht.

Doch wie sehen diese sinnvollen Premium-Pakete genau aus? Das Paket, das Sie als erstes entwickeln, ist die logische Konsequenz des Stadiums, in dem sich Ihr Business befindet. Typischerweise beginnen Sie mit einem 1:1-Paket über einen längeren Zeitraum. Je weiter Sie fortschreiten, umso eher werden Sie fortgeschrittene oder ›gehebelte‹ 1:1 Pakete oder Gruppen-Angebote entwickeln.

## 1:1 Premium-Paket

Die grundlegende Idee hinter dem 1:1 Premium-Paket ist es, dass Sie persönlich (auch fernmündlich, bzw. online) mit Ihren Kunden arbeiten, dabei jedoch gern bereits den ersten Schritt weg vom Zeit-gegen-Geld-Tausch gehen.

Meine bevorzugten 1:1 Premium-Pakete sind 6- oder 9-Monatspakete. Selbstverständlich sind für den Start aber auch beispielsweise 90 Tage (also 3 Monate) absolut in Ordnung. Bei diesem Paket arbeiten Sie mit einem Kunden für eine bestimmte Zeitdauer, die in Zusammenhang mit der Dauer steht, die Ihr Kunde für eine vollständige Transformation hin zu seinem gewünschten Ergebnis benötigen würde. Vorteil: Gerade für ein 3-Monatspaket braucht es nicht allzu viel Überzeugungskraft von Ihnen, bzw. Engagement von Seiten Ihres Kunden. Es fällt vielen Kunden leicht, dazu ja zu sagen. Das ist dann Ihr erster großer Schritt weg von Einzelstunden.

Für einige Coaching-Nischen, wie zum Beispiel für Business-Coaching oder Leadership-Coaching, macht oftmals auch eine monatlich kündbare Zusammenarbeit Sinn. Die wäre beispielsweise auch als Abstufung geeignet, wenn sich Ihr Zielkunde nicht sofort für ein 6- oder 12-Monatspaket entscheiden kann. Idealerweise vereinbaren Sie jedoch auch bei dieser Zusammenarbeit minimal zwei Monate, besser 3 Monate Zusammenarbeit. Danach kann Ihr Kunde dann monatlich kündigen. Diese Variante hat den Vorteil, dass es Ihrem Zielkunden damit nochmals leichter fällt, zum Kunden zu werden.

Typischerweise sind in diesen Premium-Paketen Bausteine enthalten, wie:

- Zwei bis drei 1:1 Sessions pro Monat,
- eine Kick-Off-Session, um den Plan für Ihre Zusammenarbeit zu machen,
- ein VIP-Tag,
- E-Mail-Support,
- Aufgaben nach jeder Session,
- eine kleine Anzahl an SOS-Sessions (beispielsweise 10 Minuten),
- Vorlagen oder Arbeitsblätter,
- Aufzeichnungen der Sessions.

## VIP-Tag

Ein VIP-Tag eignet sich besonders für die Kunden, die schnell Resultate erzielten wollen. Ganz klar: An einem Tag kriegt man meist nicht so viel erledigt. Aber lassen Sie sich nicht täuschen: die Erkenntnisse, die Sie an einem Tag gewinnen können, können Ihr ganzes Leben verändern. So auch für Ihre Kunden. Die Vorteile eines solchen Tages: Es gibt heute viele Menschen, die einen schnellen Service bzw. schnellen Erkenntnisgewinn sehr wertschätzen. Oftmals führt ein solcher VIP-Tag dann – wenn Sie es richtig angehen – zu einer längerfristigen weiteren Zusammenarbeit. VIP-Tage sind daher vor allem für strategische Themen gut geeignet. Oder natürlich auch beispielsweise für das Entdecken der eigenen Persönlichkeit und für die Arbeit mit typischen Coaching-Tools.

## Paket mit bestimmter Anzahl an Sessions

Eine letzte Möglichkeit für 1:1 Premium-Pakete ist ein Paket mit einer bestimmten Anzahl an Sessions (beispielsweise fünf oder zehn), also ähnlich wie die Zehnerkarte im Freibad. Ihre Kunden können die einzelnen Sessions einlösen wann immer sie Bedarf haben. Allerdings sollten Sie immer eine Frist setzen, bis wann die Sessions eingelöst sein müssen.

Das wäre der leichteste Schritt weg von Einzelstunden. Ich bin allerdings kein ausgesprochener Fan davon, denn damit sind Sie immer in einer Situation von wenig Kontrolle und ›warten‹ quasi darauf, bis Ihr Kunde die Sessions einlöst. Viele lassen ihre Sessions verfallen – gerade, wenn es bei den Themen auch mal unangenehm wird – und dann fühlen Sie sich als Coach schlecht. So als hätten Sie schlechte Arbeit geleistet. Das ist aber meist nicht der Fall.

Dennoch gibt es natürlich Coaching-Nischen, in denen Sie nicht sofort auf andere 1:1 Pakete umsteigen können, sondern diesen Zwischenschritt brauchen. Langfristig rate ich Ihnen davon ab, aber als ersten kleinen Schritt ist auch ein solches Paket ok.

## Gehebelte Pakete

Sobald Sie einmal ein 1:1 Premium-Paket angeboten haben, können Sie damit los legen Pakete mit mehr ›Hebel‹ anzubieten. ›Hebel‹ heißt dabei ganz einfach, dass nicht alles ›Wertvolle‹ in diesem Paket 1:1 auf Ihrer Zeit basiert. Solche ›gehebelten‹ Pakete entwickeln Sie, indem Sie weitere wertvolle Services in Ihre Pakete packen – *zusätzlich* – zur 1:1 Zeit mit Ihnen. Es gilt also einiges Ihrer 1:1 Zeit durch andere wertvolle Elemente zu ersetzen. Einige Beispiele wie solche Elemente aussehen können:

- *Vorab aufgezeichnete Trainings.* Diese bieten sich vor allem an, wenn Sie einige Ihrer Übungen oder Methoden immer und immer wieder mit Ihren Kunden machen. Genau solche Trainings können Ihre Kunden auch alleine anschauen und Sie sprechen im Nachhinein über die Ergebnisse oder über mögliche Fragen.
- *Vorlagen*, die es Ihren Kunden leicht machen, bestimmte Aufgaben alleine zu erledigen, beispielsweise eine Vorlage für einen perfekten Lebenslauf, wenn Sie Karriere-Coach sind.
- *Aufgaben- oder To-Do-Listen*, um Ihre Kunden verantwortlich zu halten und zu gewährleisten, dass er oder sie dranbleibt. Das ist sehr hilfreich – sowohl für Sie als auch für Ihre Kunden – denn Sie verlieren nie den Überblick, wo Sie in Ihrer Zusammenarbeit stehen.
- Eine *Online-Community* wie beispielsweise eine private Facebook-Gruppe, in der sich all Ihre 1:1 Kunden gegenseitig unterstützen.
- *Boni* oder *hochwertige Beratungen* von Kollegen.
- *Tickets* für ein Retreat, einen Workshop oder ein Event.

- Präsentationen, Interviews oder Services von *Gastexperten/ Gast-Coaches.*
- *Online Assessments* (beispielsweise DISC, Reiss-Profile etc.).

## Gruppen-Premium-Paket

In einem Gruppen-Premium-Paket arbeiten Sie mit mehreren Ihrer Kunden gleichzeitig in einer Gruppe und fügen in den meisten Fällen zusätzlich 1:1 Zeit mit Ihnen hinzu.

Wichtig: Unterscheiden Sie hier bitte zwischen einem Gruppen-Angebot, das Sie als niedrigpreisigen Einstieg vermarkten und dem hier gemeinten Gruppen-Premium-Paket. Ein niedrigpreisiges Schnupper-Gruppen-Paket ist nur dann sinnvoll, wenn Sie in der Lage sind, ein darauf aufbauendes weiteres Premium-Coaching-Paket innerhalb des Schnupper-Angebots an die Teilnehmer zu verkaufen. Das Gruppen-Premium-Paket ist das Richtige für Sie, wenn

- Sie bereits eine mittlere Interessentenbasis haben (sprich beispielsweise eine E-Mail-Liste mit einigen Hundert Kontakten oder ein gutes, belastbares Netzwerk),
- es schon öfters mal Anfragen bei Ihnen gab, nach einer Zusammenarbeit,
- Sie die Möglichkeit haben, dieses Paket zu ›launchen‹ – also es gleichzeitig mehreren Personen anbieten können – beispielsweise im Rahmen eines Webinars oder eines Vortrags,
- Sie ein Programm haben, dem Sie mit der Gruppe folgen.

Erfolgreiche Gruppen-Premium-Pakete dauern meist zwischen 3 und 12 Monaten und zielen darauf ab, Ihre Kunden durch Ihr ›Programm‹ zu führen, um somit das gewünschte Ergebnis zu erzielen – und das in einem motivierenden und kraftvollen Gruppen-Setting. Die Energie der Gruppe bringt alle gemeinsam vorwärts und jeder einzelne profitiert vom Know-how und von den Ideen aller.

Die Elemente Ihres Gruppen-Premium-Pakets können Sie individuell zusammenstellen. Kern sind jedoch meist Elemente, wie:

- Die Gruppen-Calls/Sessions (gern fernmündlich bzw. online), an denen alle teilnehmen.
- Die Methodik bzw. Ihr System, das zu Ergebnissen führt.
- Ein Gruppen-Retreat oder Workshop, bei dem sich die Teilnehmer persönlich kennenlernen und zudem wertvolle persönliche Unterstützung von Ihnen bekommen.
- Voraufgezeichnete Trainings und Tutorials inklusive Arbeitsblättern.
- Teilweise die Unterteilung der Gruppe in Kleingruppen oder Partnerschaften (Erfolgspartnerschaften), vor allem auch, um sich gegenseitig verantwortlich zu halten.
- Vorlagen, die es Ihren Kunden erleichtern, das Ziel zu erreichen.
- Oftmals ein monatliches Fortschritts-Tracking-Tool oder eine To-Do-Liste, die es Ihren Kunden erlauben, ihren Fortschritt, ihre Schritte und ihre Ziele zu verfolgen.
- Eine online Community (beispielsweise private Facebook-Gruppe nur mit den Teilnehmern).
- Beratungs-Sessions, Präsentationen oder Interviews mit anderen Experten oder Gastexperten.
- Online Assessments.

# Preisfindung

Wie bei vielen anderen Dienstleistungen, orientiert sich die Preisfindung für Coaching-Pakete am Markt. Berücksichtigt werden dabei also die Preise der Wettbewerber, sowie der Wert, den der Zielkunde dem Coaching-Angebot beimisst.

Die meisten Coaches entscheiden sich bei der Preisfindung für die Orientierung am Wettbewerb, was auf Grund der bereits erläuterten Problematik mit den im Markt üblichen Stundenpaketen dazu geführt hat, dass es ein ganzes Heer an Coaches mit Stundenpreisen zwischen 70 und 120 Euro gibt, die in den meisten Fällen kein profitables Business, sondern ihr Coaching vor allem nebenbei betreiben. Ich möchte Sie dazu ermutigen, Ihre Preisfestlegung eher am Wert für Ihre Kunden zu orientieren und Ihre Konkurrenz – zumindest die, die auf Stundenbasis coacht – außer Acht zu lassen.

MINDSET-MOMENT: WAS IHRE WETTBEWERBER MACHEN, IST FÜR SIE UNERHEBLICH

Coaching ist eine der persönlichsten Dienstleistung, die es auf dieser Welt gibt. Der Preis ist daher in den meisten Fällen zweitrangig, wenn Sie es schaffen, Ihre Persönlichkeit in Ihr Coaching und ganz besonders in Ihr Marketing mit einzubringen. Ihre Kunden kaufen nicht Ihr Coaching, sondern die Zusammenarbeit mit Ihnen als Person und somit Ihre Erfahrung, Ihre Geschichten, Ihre Herangehensweise, Ihre Einstellungen und Werte, sowie Ihre Persönlichkeit. Wenn Sie die Erfahrung machen, dass Ihnen häufiger jemand absagt, weil Ihr Wettbewerbs-Coach drei Straßen weiter 20 Euro weniger die Stunde nimmt, dürfen Sie an Ihrem Marketing arbeiten, denn einen solchen Preiskampf können Sie nicht gewinnen. Ein solcher Wettbewerb über den Preis würde sich nur lohnen, wenn Sie täglich mindestens 10 Anfragen nach Coaching hätten. Das hat jedoch kein Coach.

## 3 Schritte, um Ihre Preise festzulegen

Um den Preis für Ihre Angebots-Pakete zu finden, können Sie diesen 3-Schritte-Prozess durchlaufen. Bevor ich Ihnen diese Schritte zeige, will ich Sie jedoch auf einen Fakt hinweisen, den viele unterschätzen:

DER PREIS SORGT FÜR POSITIONIERUNG!

Ihr Preis ist ein wichtiger Bestandteil Ihrer Positionierung. Sie können sich mit einem hochwertigen Branding, einer tollen Website, professionellen Presse-Artikeln und Veröffentlichungen darstellen und somit alles tun, um sich als Premium-Anbieter zu positionieren. Wenn Sie dann Einzelstunden à 100 Euro verkaufen, war Ihre ganze Marketing-Mühe umsonst, da Premiumkunden Sie nicht ernst nehmen.

Natürlich gilt ebenso: Wenn Sie einen Premium-Preis verlangen und keinerlei Erfahrung, Referenzen oder Expertenstatus nachweisen können, wird es schwierig sein, Ihren Preis durchzusetzen.

### SCHRITT 1: WELCHEN WERT ERHÄLT IHR KUNDE?

Im ersten Schritt überlegen Sie, wie groß der Wert ist, den Sie Ihrem Kunden mit Ihrem Paket bieten. Was ist also das Ergebnis wert, das Sie für Ihren Kunden liefern? Was ist der Return on Investment, den Ihre Kunden erhalten (auch wenn Sie das nicht in einer konkreten Zahl bemessen können)?

- Wie viel ist es wert, wenn Ihr Kunde 20 Kilo mit Ihnen verliert und endlich wieder mit seinen Kindern toben kann?
- Wie viel ist es wert, wenn Ihre Kundin ihren Traumjob oder ihren Traumpartner oder auch nur ihre Berufung gefunden hat?
- Wie viel ist es wert, wenn Ihr Kunde endlich ein entspanntes Leben führt und der drohende Burn-Out abgewendet ist?
- Was ist es wert, wenn jemand seine Arbeitssucht überwindet und sich nicht mehr über seinen Job definiert, sondern lernt auch ohne Karriere glücklich zu sein?

Und was wären diese Menschen bereit dafür zu bezahlen? Einigen dieser Ergebnisse können Sie reale Werte beimessen. Wenn der Traumjob besser bezahlt ist als der alte Job ist das eine einfache Rechnung.

Oftmals hilft es an dieser Stelle auch, die Frage umzudrehen und zu notieren, was es Ihren Kunden kosten wird, wenn er das Problem nicht angeht? Wie hoch wären die Kosten für eine Scheidung? Was kostet es, wenn Ihre Kundin vor lauter Langeweile im Job dauernden Kaufräuschen erliegt? Was kostet es Ihren Kunden emotional, persönlich und familiär, wenn er ein Jahr lang wegen eines Burn-Outs ausfällt?

Ich weiß, dass Sie diese Fragen als unangenehm und wenig empathisch empfinden mögen. Mir ist es dennoch wichtig, dass Sie sich damit gedanklich befassen, damit Sie Ihre Arbeit als so wertvoll empfinden, wie sie ist. Es geht nicht darum, Ihrem Zielkunden das Geld aus der Tasche zu ziehen, sondern einen Preis für Ihr Coaching zu erzielen, der Ihrer Leistung entspricht.

### SCHRITT 2: WELCHES SELBSTBEWUSSTSEIN HABEN SIE?

Verkaufen hat auch immer mit Selbstbewusstsein zu tun, das brauche ich Ihnen als Coach sicherlich nicht zu erzählen. Daher ist es im zweiten Schritt erforderlich, dass Sie prüfen, welcher Preis für Sie zwar etwas außerhalb der aktuellen Komfortzone liegt, aber nicht so weit, dass Sie sich nicht mehr trauen, Ihr Coaching dafür anzubieten. Wenn Sie selbst nicht an Ihren Preis glauben und ihn nicht selbstbewusst vertreten, machen Sie es sich unnötig schwer, Ihr Coaching zu verkaufen, da Ihre Zielkunden sehr feine Antennen dafür haben.

Für die meisten Coaches ist es an dieser Stelle wichtig, auch die Verwaltung rund um ihr Coaching zu professionalisieren, denn daraus ziehen Sie das Selbstbewusstsein für Ihren Preis. Mit einfachen Professionalisierungs-Maßnahmen können Sie bereits einen riesigen Unterschied für Ihre Kunden machen.

- Bieten Sie beispielsweise die Zahlung über PayPal oder einen anderen Zahlungsanbieter an oder – je nach Zielgruppe – auch mit unterschiedlichen Raten.

- Erarbeiten Sie einen professionellen (aber bitte nicht zu umfangreichen) Coaching-Vertrag, eine Datenschutzerklärung und Ihre Allgemeinen Geschäftsbedingungen (AGB).
- Erstellen Sie nach jeder Coaching-Sitzung eine Dokumentation der Erkenntnisse und Ergebnisse.
- Überlegen Sie, wie Sie Ihr Coaching durch vorgefertigte Übungen (Meditationen, Tutorials usw.) anreichern können.
- Richten Sie einen Mitgliederbereich für Ihre Coachees ein oder ein Konto bei einer Coaching-Plattform wie der CAI® World oder CleverMemo (es gibt noch zahlreiche weitere). Für den Start nutzen Sie auch Ihre Dropbox für den Austausch von Dokumentationen.
- Sorgen Sie dafür, dass sich Ihr Coachee auf die Session mit Ihnen vorbereitet, beispielsweise durch Vorab-Fragen oder Übungen.

### SCHRITT 3: WIE SIEHT IHR ANGEBOTSPORTFOLIO AUS?

Wenn Sie bereits ein Angebotsportfolio haben, legen Sie den Preis für Ihr neues Paket selbstverständlich auch danach fest, wo dieses Paket ins Portfolio passt.

Hier ein Überblick über verschiedene Angebotspyramiden.

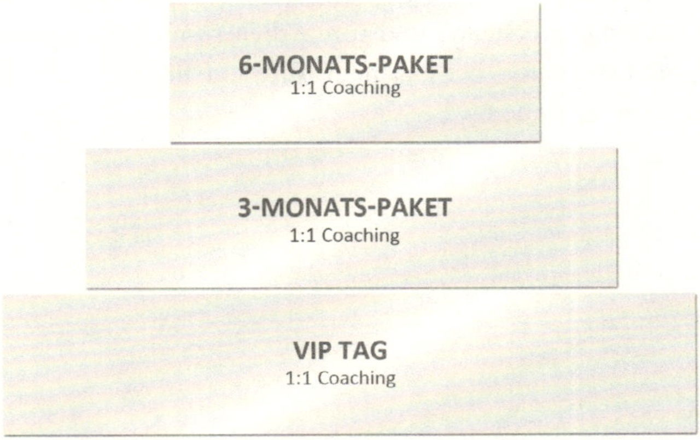


Angebotsportfolio Starter (vorrangig 1:1 Coaching)

Wenn Sie starten und es nicht sofort Ihr Ziel ist, ein reines Online-Coaching-Business aufzubauen, werden Sie vor allem zunächst 1:1 coachen. Diese Coaching-Leistung kann selbstverständlich auch online erbracht werden und muss nicht in einem persönlichen Treffen stattfinden.

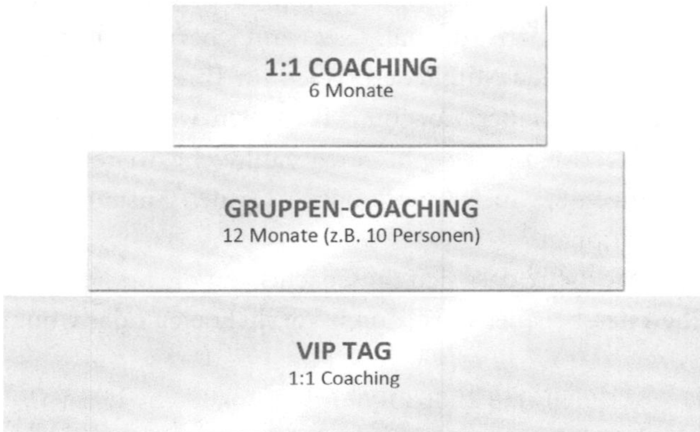


Angebotsportfolio Fortgeschrittene mit erster Gruppe

Wenn Sie sich nach und nach die Möglichkeit erarbeiten immer mehr Ihrer Zielkunden zu erreichen, macht es Sinn, ein erstes Gruppen-Coaching zu erstellen und Ihre Arbeit somit zu skalieren. Das heißt, Sie bedienen – bei gleichem Aufwand für Sie – gleichzeitig mehrere Ihrer Kunden.

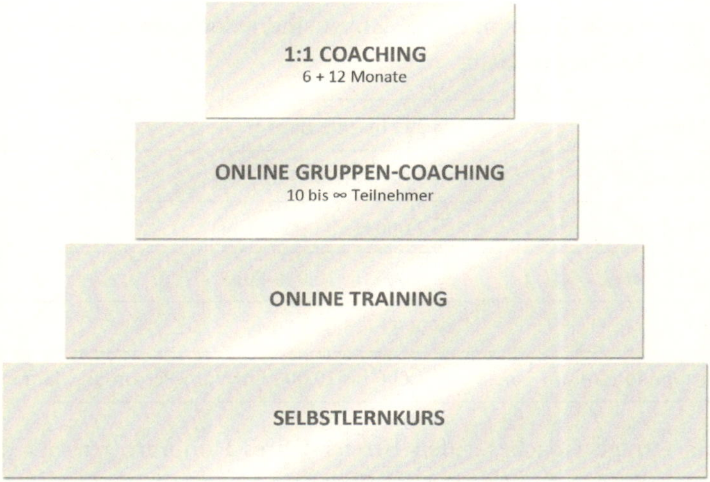


Angebotsportfolio Online Coach mit Online-Gruppen-Coaching

Wenn Sie ein Online-Coaching-Business aufbauen wollen, denken Sie zudem über Online-Kurse und Online-Trainings nach. Die Grenzen zwischen Online-Coaching und regulärem Coaching sind dabei fließend. Jedes Coaching – mit Ausnahme von Coachings, die Körperarbeit beinhalten – kann immer auch online bzw. fernmündlich ablaufen.

Um jetzt Ihre Preise festzulegen, dürfen Sie sich fragen, wo Ihr neues Angebot ins Portfolio passt. Gruppen-Programme können beispielsweise genauso am Boden der Pyramide stehen (Schnupper-Gruppen-Paket) wie auch ganz oben (hochwertige Masterminds oder Premium-Gruppen-Coachings).

## Typische Preislevel

Aus der Erfahrung meiner Arbeit mit Hunderten von Coaches kann ich einen Überblick über typische Preis-Level für unterschiedliche

Angebotspakete geben. Diese Zahlen sind jedoch nur als Überblick für den Einstieg gedacht.

| | |
|---|---|
| 1 Monat | 299 bis 999 Euro |
| 3 Monate | 999 bis 4.999 Euro |
| 6 Monate | 2.000 bis 8.000 Euro |
| 9–12 Monate | 4.000 bis 10.000 Euro |
| VIP-Tag | 599 bis 5.000 Euro |
| Gruppen Premium-Paket | 1.000 bis 10.000 Euro pro Person und Jahr |

Nur wenige Coaches rufen bereits Jahres-Honorare jenseits der 10.000 Euro auf. Sich als High Price Coach zu positionieren und somit auf eine Zielgruppe von Vorständen, Geschäftsführern, Top-Führungskräften und vermögenden Privatpersonen abzuzielen, ist jedoch ohne Zweifel lukrativ. Jahreshonorare belaufen sich im High Price Coaching gern auf bis zu 40.000 Euro pro Jahr.

Voraussetzung für Ihre Positionierung als High Price Coach ist vor allem Ihr Zugang zu einer entsprechenden Zielgruppe, Ihr fortgeschrittener Expertenstatus, sowie Ihr Mindset, Ihrem Kunden mit Ihrem Coaching genau das zu liefern, was er oder sie für die größtmögliche Transformation braucht.

### MINDSET-MOMENT: NICHT JEDER PREIS FÜR JEDE ZIELGRUPPE

Ich höre von vielen Coaches, dass sich die meisten ihrer Zielkunden einen hohen Preis nicht leisten können. Und sie haben wahrscheinlich Recht. Die meisten Menschen in Ihrer Zielkundschaft haben keinen starken Wunsch, Hilfe zu erhalten, um ihre Situation zu verbessern. Sie wollen sich aber auf die Menschen in Ihrer Zielkundschaft konzentrieren, die genau das wollen und sich noch dazu nach Ergebnissen sehnen.

Der Preis ist zudem in vielen Fällen nicht ausschlaggebend für die Tatsache, ob jemand mit Ihnen arbeitet oder nicht. Darüber hinaus wollen Sie sicherstellen, dass die Menschen, die mit Ihnen zusammen arbeiten auch bereit sind, sich wirklich zu verändern. Ich habe schon sehr oft die Erfahrung gemacht, dass Menschen, die wenig investieren, weit weniger motiviert sind, das Ergebnis zu erreichen, als Menschen, die ein – für sich – hohes Investment machen. Viele erwarten gern vieles kostenlos, aber genau diese Menschen erzielen selten Ergebnisse. Ich habe beispielsweise jemanden in meinem E-Mail-Verteiler, die so gut wie alles Kostenlose von mir ›mitnimmt‹. Dagegen spricht zunächst einmal nichts, allerdings habe ich sie mittlerweile markiert, damit sie sich nicht mehr auf kostenlose Erstgespräche bewerben kann. Mein Ansinnen ist es, ihr weiter zu helfen, aber das ist nicht möglich, wenn sie nicht selbst für sich entscheidet, dass sie in sich selbst investiert. So ist es wenig verwunderlich, dass ich gerade auch online und über die sozialen Medien beobachten kann, dass sie immer noch keinen wirklichen Schritt weiter ist als vor einigen Jahren.

Machen Sie sich einfach klar, dass es niemals so sein wird, dass sich jeder Ihre Pakete leisten kann. Und das soll auch gar nicht so sein. Sie wollen vorzugsweise Kunden, die motiviert sind und alles dafür tun, um erfolgreich zu sein. Wenn es Ihnen ein Anliegen ist neben Ihrem profitablen Business-Coaching etwas zurückzugeben und Menschen in (finanzieller) Not zu helfen, dürfen Sie selbstverständlich dennoch auch kostenlos coachen. Setzen Sie dafür aber einen genau abgesteckten Rahmen, beispielsweise indem Sie sich einer Initiative wie der Bernd-Schmid-Stiftung anschließen, die Coaching und Organisationsentwicklung für Non-Profit-Unternehmen ›stiftet‹ oder indem Sie beispielsweise ein Stipendium für Ihr Coaching-Programm ausloben und vergeben.

## Zahlungsmöglichkeiten

Ich bin immer wieder erstaunt, wie viele Coaches sich erst nach der Erbringung der Dienstleistung bezahlen lassen. Dass ich darüber erstaunt bin, ist sicherlich der Tatsache geschuldet, dass ich vor dem Einstieg ins Coaching-Business wenig Ahnung davon hatte und es für mich daher völlig normal war, Vorkasse bzw. eine Anzahlung zu verlangen.

Ich bin der festen Überzeugung, dass es unabdingbar ist – sofern Sie nicht als Pool-Coach Rahmenverträge mit Unternehmen geschlossen haben – dass Sie eine Anzahlung erhalten, bzw. die Zahlung vor Erbringung der Leistung passiert. Diese Überzeugung stammt nicht aus der Angst, nicht bezahlt zu werden, sondern aus der Erfahrung, dass Ihr Kunde ganz anders an Ihr Coaching heran gehen wird, wenn die Zahlung bereits erfolgt ist. Idealerweise vereinbaren Sie die Zahlung des Gesamtbetrags vorab. Möglich ist auch eine Anzahlung mit nachfolgender Ratenzahlung (inklusive Aufschlag für die Ratenzahlung). Die Ratenzahlung sollte jedoch bereits vor Ende der Zusammenarbeit beendet sein.

Warum Sie auf Vorkasse oder Anzahlung bestehen sollten, hängt mit dem Ablauf des Coaching-Prozesses zusammen. Ihr Kunde startet hoch motiviert in den Coaching-Prozess und erzielt schnell erste Erfolge. Es ist aber völlig normal, dass nach einiger Zeit der ›Veränderungsschmerz‹ einsetzt. Das ist die Zeit, in der es schwierig wird für Ihren Kunden. Er möchte aufgeben. Sie wünscht sich, dass es leichter wäre. Er ärgert sich, dass er das Thema überhaupt angegangen ist. Sie überlegt sich, dass es doch auch irgendwie anders gehen muss. Wenn Ihre Kundin an der Stelle noch nicht bezahlt hat, wiegt der Preis doppelt schwer. Wenn hingegen die Zahlung bereits stattgefunden hat, überwiegt die Einstellung Ihres Kunden, weiter dran zu bleiben, um aus dem Investment das meiste herauszuholen. Natürlich gibt es auch Coaching-Prozesse, in denen dieser schwierige Teil ausbleibt und Sie es schaffen, Ihre Kunden dauerhaft motiviert und veränderungsbereit zu halten. Das ist hervorragend, aber nicht der Normalfall, da in den meisten Fällen Menschen Veränderung schwerfällt.

## Garantien

Eine wirksame Strategie für den Verkauf von Coaching-Paketen, ist das Gewähren einer Geld-zurück-Garantie. Ich rate gerade zu Beginn Ihres Business dazu bei Paketen über 3, 6 oder 12 Monate eine Geld-zurück-Garantie zu geben (beispielsweise über 14 oder 30 Tage). Eine solche Garantie nimmt Ihrem Zielkunden eine große Hürde, wenn es darum geht ›ja‹ zu Ihrem Angebot zu sagen. Gerade bei einem größeren Paket hat er die Gewissheit, dass er sich gar nicht falsch entscheiden kann, da die Entscheidung notfalls rückgängig gemacht werden kann.

Die Regelung lautet, dass Ihre Kundin innerhalb der Garantiezeit entscheiden kann, wieder auszusteigen. Sie können vereinbaren, dass in diesem Fall nur die angefallenen Coaching-Stunden berechnet werden (wobei Sie dann wieder Ihre Stunden genau kalkulieren müssen) oder komplett rückabwickeln. Ich rate Ihnen dazu, in diesem Fall komplett rückabzuwickeln, also den gesamten Betrag zurückzuzahlen. Diese Garantie wurde in meinem Business bisher genau einmal in Anspruch genommen, weil die Kundin ernsthaft erkrankt war. Sie brauchen also keine Angst davor zu haben, dass Ihnen die Kunden reihenweise abspringen. Es sei denn Ihre Inhalte stimmen überhaupt nicht mit Ihren Angeboten überein, wovon wir hier nicht ausgehen.

Garantien sind gerade für den Start ein sinnvolles Werkzeug in der Kundengewinnung. Wenn Sie dann sicherer sind im Führen von Erstgesprächen sowie dem gesamten Kundengewinnungs-Prozess, können Sie diese Garantie selbstverständlich auch wieder weglassen. Ebenso rate ich Ihnen nicht zu einer Garantie, wenn Sie Gruppen-Coaching-Programme anbieten, bei denen eine bestimmte Teilnehmerzahl wichtig ist. Wenn Ihnen in einem solchen Programm ein oder zwei Teilnehmer nach dem Start des Gruppen-Coachings wieder abspringen, ist das keine gute Energie für Ihre Gruppe.

# Kapitel 4

## Verkaufswege – das Erstgespräch

Coaching-Pakete verkaufen Sie über das persönliche Gespräch. Basis für den Erfolg ist dabei ein zielgerichtetes Erstgespräch, in dem Sie herausfinden, ob Sie Ihrem Interessenten weiterhelfen können und Ihr Interessent herausfindet, ob Sie der richtige Coach für ihn oder sie sind. Am Ende des Gesprächs können Sie dann Ihr Coaching-Angebot platzieren. Danach geht es darum, möglichst regelmäßig und dauerhaft Bewerbungen für Erstgespräche von der eigenen Zielgruppe zu gewinnen. Um das zu erreichen, haben Sie zahlreiche Möglichkeiten – sowohl online wie auch offline. Dazu gehört das Netzwerken, das Halten von Vorträgen oder Webinaren, die Nutzung von Social-Media-Kanälen über das Posten von Status-Updates hinaus, Webinare und Ihr E-Mail-Marketing.

Die Online-Welt bietet Ihnen heute traumhafte Chancen, Ihren Akquise-Prozess zu vereinfachen und vieles zu automatisieren. Lassen Sie sich dennoch versichert sein: Egal wie viele Prozesse Sie in der heutigen Zeit automatisieren können – Ihre Premium-Pakete verkaufen Sie über das persönliche Gespräch. Im Normalfall hat dieses Premium-Paket einen entsprechenden Preis, den niemand bezahlt, bevor er oder sie nicht mindestens einmal persönlich mit Ihnen überprüft hat, ob das wirklich das Richtige für ihn oder sie ist.

# Fragen für das Erstgespräch

Im Erstgespräch nehmen Sie Ihre Zielkunden mit auf eine Reise. Eine Reise zunächst zu ihren Zielen und Visionen. Danach nehmen Sie Ihre Zielkunden mit ins ›Tal der Tränen‹, wenn Sie nämlich die Herausforderungen aufdecken, die zum Erreichen dieser Ziele im Weg stehen und wecken am Ende mit der Transformation dann die Begeisterung für den Weg, der vor ihnen liegt. Im Anschluss daran erläutern Sie – mit Einverständnis Ihres potenziellen Kunden – die Art und Weise Ihres Coachings und geben Details zu Ihrem Angebot. Am Ende geht es dann darum, eventuelle Widerstände zu überwinden und die Zusammenarbeit zu finalisieren.

Im Erstgespräch verkaufen Sie also über Emotionen, denn auch wenn wir unsere Kaufentscheidungen am Ende immer rational begründen, wissen Sie sicherlich, dass wir so gut wie immer emotional entscheiden.

## Ziele und was sie wert sind

Zunächst fragen Sie nach der aktuellen Situation im Lebensbereich Ihres Zielkunden, in dem die Herausforderung besteht. Sie bringen Ihr Gegenüber also erst mal zum Erzählen und bauen eine Bindung auf. Lassen Sie auf jeden Fall Ihr Gegenüber den Hauptteil übernehmen. Menschen fühlen sich besser verstanden, je mehr sie selbst sprechen dürfen. Als nächstes fragen Sie nach den Zielen Ihres Gegenübers. Was will er oder sie meistern? Damit bewirken Sie, dass Ihr Gegenüber sich darüber klar wird, was er oder sie eigentlich will. Gleichzeitig werden Emotionen geweckt, das Ziel, auch zu erreichen. Und diese Emotionen sind es, die uns antreiben.

Ihr Ziel ist es, Klarheit über die Ziele Ihres Gesprächspartners zu schaffen und in ihm oder ihr dafür Begeisterung zu wecken. Versuchen Sie hier konkrete Aussagen zu bekommen, also welchen Umsatz will Ihr Gesprächspartner machen, was verdienen, wie viel Gewicht verlieren, bis wann den Traumpartner gewonnen haben, bis wann das Leben neu geordnet haben etc. Als nächstes finden Sie heraus, was wäre, wenn er oder sie das Ziel oder die Ziele erreichen würde? Diese Frage macht die finale Transformation für Ihr Gegenüber spürbar. Es fühlt sich sicherlich gut an, gibt mehr Selbstbewusstsein und mehr Energie mit dem richtigen Partner zusammen zu sein, wieder Zugang zum eigenen Kind, zum eigenen Körper, zu den eigenen Wünschen zu haben, das Wunschgewicht erreicht zu haben, den gewünschten Umsatz gemacht zu haben, usw. Sie bewirken damit, dass Ihr Gegenüber die Ziele bewertet (im finanziellen oder emotionalen Sinne). Alle seine oder ihre Antworten tragen dazu bei, die Widerstände zu verkleinern, die ihn oder sie beispielsweise davon abhalten können, das gewünschte Ziel zu erreichen.

### MINDSET-MOMENT: WAS IST COACHING WERT?

Diese konkreten Aussagen haben einen konkreten Wert. In der Business- und Karrierebranche ist dieser Wert sicherlich leichter zu beziffern, aber auch im Gesundheits-, Beziehungs-, Ernährungs- und in vielen weiteren Bereichen können Sie zumindest emotional einen Wert dahinter packen. Was würde es Ihren Kunden wohl kosten, wenn er beispielsweise kein Gewicht verliert? Seine Gesundheit? Seinen Spaß am Leben? Kleider immer nur in Spezialgeschäften kaufen zu können? Den Respekt seiner Mitmenschen?

## Herausforderungen – warum ist das Ziel noch nicht erreicht?

Denken Sie daran, auch die offenen und versteckten Herausforderungen Ihres Gegenübers aufzudecken. Warum hat er oder sie das Ziel noch nicht erreicht, was hält ihn oder sie zurück? Die Antworten, die Sie erhalten, machen Ihrem Gegenüber klar, woran sie arbeiten sollten und verdeutlichen die eigene Situation.

Wichtig ist auch zu klären, welche Auswirkungen diese Herausforderungen auf den Lebensbereich haben, um den es vordergründig geht und dann darüber hinaus auf die anderen Lebensbereiche Ihres Gegenübers. Oftmals sind es die anderen Lebensbereiche, die dem Problem eine noch größere Gewichtigkeit geben. Wenn Sie beispielsweise Diät-Coach sind, Personal Trainer oder Ernährungsberater, dann hat das Übergewicht Ihres Gegenübers natürlich Auswirkungen auf sich selbst – beispielsweise weniger Beweglichkeit und das Sich-Unwohl-Fühlen im eigenen Körper. Aber die Auswirkungen auf seine Familie können ggf. noch größer sein – beispielsweise nicht mit den Kindern Radfahren gehen zu können, weil dazu die Kondition nicht ausreicht oder erst gar keinen Partner zu finden.

Nehmen Sie Ihr Gegenüber also tief mit rein in seine Probleme. Es ist wichtig, dass Ihr Gegenüber sich hier auch klar macht, wie lange er oder sie ggf. schon gewartet hat und nichts gegen die Situation getan hat.

MINDSET-MOMENT: WARUM SO VIELE EMOTIONEN, ANSTATT EINFACH ZU ERKLÄREN, WAS IHR COACHING KOSTET?

Warum diese Emotionen hier so wichtig sind? Weil wir Menschen uns nur ungern verändern und erst dann etwas unternehmen, wenn wir ganz klar sehen, was wir ansonsten verpassen oder verlieren. Dieser Weg hat nichts mit Manipulation zu tun, sondern spricht die

Emotionen Ihres Gegenübers an. Sie wollen, dass er oder sie spürt, welche großartigen Dinge er oder sie leisten kann und dass er oder sie damit das ganze eigene Leben verbessern kann. Und das ist nicht übertrieben.

## Hin zur Transformation

Nachdem Sie Ihr Gegenüber nun tief mit in sein Inneres genommen haben – also quasi bis ins ›Tal der Tränen‹ – wollen Sie ihn dort natürlich nicht belassen, sondern wieder Mut geben. Was also wäre für ihn oder sie möglich, wenn er oder sie alle diese Herausforderungen überwinden könnte? Wie fühlt es sich an, diese Ziele tatsächlich zu erreichen und warum ist das auch für Ihr Gegenüber möglich?

MINDSET MOMENT: IHR ERSTGESPRÄCH LIEFERT MEHRWERT

Mir ist wichtig, dass Ihnen klar ist, dass sie schon allein durch Ihr Erstgespräch Ihrem Gesprächspartner einen großen Mehrwert liefern. Sie helfen darin dabei, die eigenen Ziele und Träume klarer zu sehen und besser zu verstehen, warum diese noch nicht erreicht oder verwirklicht wurden. Selbst wenn einer Ihrer Gesprächspartner bereits ziemlich klar weiß, wo er oder sie hin will, hat er oder sie sich meist noch niemals so emotional damit auseinandergesetzt.

Egal ob er oder sie sich am Ende entscheidet, Ihre Hilfe dabei in Anspruch zu nehmen – die Erfahrung zeigt, dass Sie für Ihren Gesprächspartner sehr wertvolle Informationen aufgedeckt haben. Selbst wenn er im ersten Anlauf nicht Ihr Kunde wird, wird er sich Ihnen verbunden fühlen.

# Überleitung zum Verkauf

Den Verkaufsteil können Sie mit der Frage danach einleiten, was für Ihr Gegenüber an diesem Gespräch bisher am wertvollsten war. Diese Frage macht auch Ihrem Gesprächspartner deutlich, dass er oder sie gerade ein sehr wertvolles Gespräch geführt hat. Und das ist die beste Überleitung, um darüber zu sprechen, was Sie Ihrem Gesprächspartner bieten können. Dabei hilft ein Satz wie dieser wahre Wunder:

*»Ich habe ein Programm, das speziell dazu da ist, Unternehmern/Menschen wie Ihnen dabei zu helfen, diese Art von Herausforderungen zu überwinden und Ihre Ziele zu erreichen. Würden Sie davon gerne ein bisschen mehr erfahren?«*

Wenn Sie Ihr Gegenüber um Erlaubnis fragen, das Programm und Ihr dazugehöriges Premium-Paket vorzustellen, haben Sie sofort nicht mehr das Gefühl, etwas verkaufen zu wollen, denn er oder sie kann ja nein sagen. Sie werden zudem sehen, dass die Neugierde Ihres Gegenübers groß ist. Ich persönlich habe auf die Frage noch nie ein Nein gehört.

Sie verkaufen also gar nicht explizit Ihre Leistung, sondern bieten an, das Problem Ihres Gegenübers zu lösen. Wenn Ihr Gegenüber Interesse daran hat, dass Sie ihm oder ihr bei der Lösung des Problems helfen, muss er oder sie sich Ihr Angebot erst mal nur anhören. Danach kann immer noch entscheiden werden, ob die Hilfe wirklich erwünscht ist.

Was uns zu dem Punkt bringt, an dem Sie Ihr Angebot erklären. Verständlich, logisch nachvollziehbar und strukturiert. Wenn Sie das getan haben, haken Sie nach, ob es dazu Fragen gibt. In den meisten Fällen kommt an dieser Stelle dann die Frage nach dem Preis und das ist auch genau der richtige Moment dafür.

## Angebotsfristen

Je mehr Sie noch am Start Ihres Coaching-Business stehen, umso mehr rate ich Ihnen dazu, Ihr Angebot zu befristen. Wenn Ihr Coaching zu jedem Zeitpunkt starten kann, dann können Sie mit einem zweiten etwas niedrigeren Preis (zwischen 10 und 25 %) – sowohl für die monatliche Zahlung als auch die Einmalzahlung vorab – arbeiten und diesen anbieten, wenn sich Ihr Interessent binnen 24 Stunden entscheidet. Dies hat den Vorteil, dass Sie Ihrem Zielkunden nicht nachlaufen müssen und ihm oder ihr bei der Entscheidung helfen müssen.

MINDSET-MOMENT: ANGEBOTSFRISTEN

Sie können diesen Zeitrahmen natürlich auch ausweiten, aber bedenken Sie bitte, dass die Erinnerungen an das Gespräch und an die Herausforderungen umso mehr verschwinden, je länger Sie Zeit zum Überlegen geben. Jeder Mensch verschiebt Dinge ganz gerne und die Wahrscheinlichkeit der Buchung nimmt ab. Ich habe mit 24 Stunden bisher immer ein gutes Gefühl gehabt und natürlich bei Bedarf auch am darauffolgenden Tag noch Fragen beantwortet, falls die Entscheidung nicht so leichtfällt. Wenn Sie ein Gruppen-Programm, einen Workshop oder ein Seminar oder Kurs mit einem konkreten Starttermin verkaufen, können Sie selbstverständlich auch mit einem Buchungsschluss arbeiten, der weiter in der Zukunft liegt und mit Frühbucher-Konditionen arbeiten.

Sollten Ihre Preise für ein Jahresprogramm als High Price Coach jenseits der 10.000 Euro liegen und Sie vor allem mit Vorständen, Geschäftsführern und Top-Führungskräften oder vermögenden Privatpersonen arbeiten, entscheiden Sie selbst, wie sehr Sie die Entscheidung herbeiführen. Das hängt auch immer von der jeweiligen Zielgruppe ab. Meine Zielgruppe der Coaches selbst wird oftmals sehr ›gedrängt‹ bestimmte Angebote anzunehmen. Daher ist es hier bei höherpreisigen Produkten manchmal zielführender, genau das Gegenteil zu tun. Dennoch ist eine finale Entscheidungsfrist sinnvoll und erleichtert Ihnen den Verkauf Ihres Coaching.

Besonders in den Startphasen ist es also immer ratsam, den Schnell-Entscheider-Rabatt einzubauen, damit Sie sich nicht ständig darüber Gedanken machen müssen, wie Sie die Entscheidung herbeiführen. Oftmals sagt ein Zielkunde nämlich weder zu noch ab und prokrastiniert die Entscheidung. Was dazu führt, dass Sie ihm hinterherjagen dürfen, was wiederum kein gutes Licht auf Sie wirft. Sie wirken dann schnell, als hätten Sie es nötig.

## Den Abschluss machen

Nachdem Sie Ihre Preis-Optionen genannt haben, können Sie – wenn vorhanden – noch Ihre Garantie nennen und dann fragen: ›Welche Option wäre besser für Sie?‹ oder auch ›Wollen Sie das ausprobieren?‹. Bitte warten Sie hier die Antwort ab. Lassen Sie Ihr Gegenüber nachdenken und streuen Sie nicht noch weitere Informationen ein. Wenn Sie ein Ja erhalten, erklären Sie, wie es weiter geht. Senden Sie ggf. Ihr Anmeldeformular und Ihre Rechnung zu und vereinbaren Sie den ersten Termin.

## Widerständen begegnen

Der erste Widerstand, auf den Sie treffen könnten und sicherlich auch werden, ist natürlich der Preis. Wobei Sie selten die Aussage hören werden, dass Sie ›zu teuer‹ sind oder es ›zu viel kostet‹. Nach einem guten Erstgespräch möchte Ihr Gegenüber Sie sicher nicht beleidigen. Sie werden aber hören, dass Ihr Gegenüber es sich ›nicht leisten kann‹. Es gibt auch Menschen, die aufrechnen, wie viel Sie dann ›pro Stunde‹ verdienen. Machen Sie daraufhin klar, dass Sie Ergebnisse liefern und nicht auf Stundenbasis arbeiten.

Wenn Sie bei den Herausforderungen zuvor tief genug gebohrt haben, haben Sie zudem ein paar Hinweise, wie viel es Ihren Gesprächspartner ›kostet‹, nicht mit Ihnen zusammenzuarbeiten. Sie können also daran anknüpfen. Wenn Sie zuvor gemeinsam festgestellt haben, dass das Übergewicht Ihres Gegenübers ihn oder sie die besten Jahre mit seinen Kindern ›kostet‹ oder sein Leben dadurch um einige Jahr kürzer werden wird – was sind ihm oder ihr ein paar glücklichere Jahre wert?

Wie gesagt, ist dieser Vergleich im Business-Coaching und in der Beratung meist einfacher, wenn Sie genau ausrechnen können, was es Ihre Kunden kostet, wenn sie beispielsweise keine neuen Kunden gewinnen. Aber auch wenn Sie solche faktischen Vergleiche nicht haben: Finden Sie heraus, mit was Sie Ihr Interessent vergleicht, denn dann können Sie auf die Unterschiede zu Ihrem Angebot eingehen. Es geht hier nicht darum, jemanden zu überreden, etwas zu tun. Es geht darum, Ihrem Interessenten das Ergebnis zu verschaffen, das er sich wünscht.

Wenn Sie das Gefühl haben, dass Ihr erstes Angebot tatsächlich erst mal nicht drin ist für Ihr Gegenüber, dann können Sie an dieser Stelle zudem ein ›kleineres‹ oder ›Einstiegsangebot‹ machen. Das kann ein Gruppen-Coaching, ein Workshop oder auch ein Online-Kurs sein. Zudem können Sie fragen: ›Was würde denn für Sie funktionieren?‹ um so herauszufinden, wo die Budget-Grenze des Gegenübers liegt. Das können Sie auch dann machen, wenn Sie beispielsweise bereit sind, die monatlichen Zahlungen kleiner zu machen, aber dafür den Zeitraum der Zahlung zu verlängern. Das ist aber eine persönliche Vorliebe und hängt auch davon ab, wie gerne Sie verhandeln. Ich tendiere meist eher dazu, mein nächstes kleineres Angebot zu machen.

Dem Erstgespräch kommt in einem profitablen Coaching-Business also eine zentrale Bedeutung zu. Nun passieren rund um diese

Erstgespräche aber gern einige typische Fehler, die verhindern, dass ein Interessent oder eine Interessentin tatsächlich auch zum Kunden bzw. zur Kundin wird. Diese Fehler sind nicht der Tatsache geschuldet, dass Coaches keine guten Verkäufer sind, sondern werden wirklich gern gemacht, weil sie eben auch in unterschiedlichen Coaching-Ausbildungen gelehrt werden oder einfach gängig sind.

# Typische Fehler im Erstgespräch

## Fehler 1: Coachen was das Zeug hält

Der wohl am häufigsten gemachte Fehler in einem solchen Erstgespräch ist, dass der/die Coach den Interessenten bezüglich der Qualität des Coachings zu überzeugen versucht. Er oder sie coacht also, was das Zeug hält. Er oder sie kramt tief in ihren/seinen erfolgreichsten Coaching-Methoden und löst zumindest gedanklich bereits alle Herausforderungen, die der Zielkunde ihm/ihr nennt.

Diese Vorgehensweise ist sehr ehrenrührig, führt aber nicht zum gewünschten Ziel. Beim Kunden kommt an, dass es ganz leicht ist, seine Herausforderung zu lösen, was in den meisten Fällen dazu führt, dass er oder sie sich das Investment in sich selbst erst mal spart, um es auf eigene Faust zu probieren. Sie haben Ihrem Zielkunden damit einen Bärendienst erwiesen, denn die Erfahrung zeigt, dass die meisten Herausforderungen erst durch die Begleitung durch den Coach, durch die kontinuierliche Motivation, den Beistand bei plötzlich auftretenden Hürden und der Unterstützung beim Durchhalten gelöst werden.

## Fehler 2: Nicht wissen, wie Sie Coaching erklären

Was vielen Coaches in Erstgesprächen ebenfalls passiert, ist, dass sie nicht wissen, wie sie ihr Coaching erklären sollen und das über die jeweils favorisierten Coaching-Methoden versuchen aufzufangen. Auch dieser Versuch geht oft nach hinten los. Natürlich haben Sie als Coach viele Möglichkeiten und Wege, um Ihren Interessenten bei ihren Herausforderungen zu helfen. Aber wirklich alle diese Wege aufzulisten, würde Ihre Zielkunden mehr als nur überfordern.

Anstatt all diese Möglichkeiten und Wege aufzulisten und somit viele Fragezeichen bei Ihren Interessenten zu produzieren, nutzen Sie bitte künftig die folgenden fünf Kategorien mit denen Sie Ihr Coaching erklären. Auf diese fünf Kategorien – nämlich Zielsetzung, Strategie, Fähigkeiten, Umfeld und Mindset – fokussieren Sie sich mit Ihren Coachees, um Ergebnisse zu erzielen und sie helfen Ihnen im Erstgespräch eine Struktur dessen widerzugeben, was Ihr Coaching ausmacht, ohne den Kunden zu überfordern.

### ERSTE KATEGORIE: ZIELSETZUNG

In der ersten Kategorie geht es um die Zielsetzung Ihrer Zielkunden. Was wollen sie am Ende erreichen? Sie helfen Ihren Kunden also dabei, die Zielsetzung und Zielrichtung klar zu definieren.

Wenn es also darum geht, das eigene Business wachsen zu lassen, helfen Sie dabei zu definieren, wie das genau aussehen soll. Wie viel Umsatz, wie viel Gewinn, wie viele neue Kunden, mit welchen Produkten oder Angeboten? Wenn es darum geht, die eigene Beziehung zu verbessern, klären Sie, welche Art von Beziehung sich Ihr Interessent wünscht oder welche Art von Partner, wenn er oder sie auf der Suche nach dem Lebenspartner ist.

#### MINDSET-MOMENT: AUCH KUNDEN VON LIFE-COACHES HABEN ZIELE

Gerade bei der Kategorie Ziele höre ich von vielen Coaches immer wieder, dass die eigenen Kunden keine solchen Ziele hätten. Beispielsweise bei einem Coaching von Menschen mit alternden und pflegebedürftigen Eltern. Das ist aber schlichtweg falsch. Auch wenn die dahinterliegenden Ziele nicht messbar sind. Diese Menschen wollen beispielsweise die Zeit, in der sie die Eltern pflegen, ohne gesundheitliche oder psychische Schäden überstehen, die Eltern trotz

Pflegebedürftigkeit und Demenz wertschätzen und lieben können, in der Zeit der Pflege und des Abschieds dennoch ›leben‹ können und so weiter und so fort.

Wie Sie sehen gibt es auch hier ein Ziel. Es ist wichtig, Ihr Coaching an dieser Stelle unternehmerisch zu sehen, ansonsten werden Sie keinen angemessenen Preis dafür erzielen können. Sie konkurrieren nämlich mit kirchlichen Seelsorgeeinrichtungen oder karitativen Verbänden, die selbstverständlich Ihre Berechtigung haben.

### ZWEITE KATEGORIE: STRATEGIE

In der zweiten Kategorie geht es darum, den Weg zum Ziel – also die Strategie – aufzuzeigen. Wie also soll das Ziel erreicht werden?

Wenn Sie Life-Coach sind, verwenden Sie bitte lieber ›Weg zum Ziel‹ als Strategie. Diesen Weg gibt es immer und dieser Weg entspricht im Idealfall Ihrem Coaching-Programm. Selbst wenn Sie kein Coaching-Programm haben, gibt es diesen Weg. Sie klären immer die Ausgangslage, sie erarbeiten Ziele und Soll-Zustände, sie setzen um und evaluieren Ihre Ergebnisse, auch wenn diese nicht in Zahlen messbar sind. Ihr Weg zum Ziel – also Ihr Programm – kann dabei beispielsweise auch Entspannungs-Übungen, Meditationen oder weitere Methoden (wie beispielsweise Hypnose) enthalten.

### DRITTE KATEGORIE: FÄHIGKEITEN

Als drittes helfen Sie dabei festzustellen, welche Fähigkeiten zum Erreichen des Ziels bei Ihren Zielkunden noch fehlen. Das können Fähigkeiten in der Kommunikation, im Verkauf oder Marketing sein, aber natürlich genauso auch Social Skills wie Empathie und Einfühlungsvermögen oder die Fähigkeit, Beziehungen aufzunehmen und zu pflegen, Stress abzubauen, Ängsten zu begegnen, Resilienz aufzubauen und so weiter und so fort.

### VIERTE KATEGORIE: UMGEBUNG

Bei Kategorie vier geht es darum, die Umgebung Ihres Kunden zu optimieren. Oftmals sind es ja ganz subtile Dinge in unserem Umfeld, die uns vom Erfolg bzw. dem gewünschten Ziel abhalten. Wer zum Beispiel mehr Süßigkeiten in Reichweite hat, nimmt zu. Meistens denken wir ja, dass wir einfach disziplinierter sein sollten. Wenn Sie sich aber immer wieder selbst disziplinieren müssen, um erfolgreich zu sein, haben Sie ein Problem. Gerade zum Start geht es also darum, Ihre Umgebung zu optimieren und in diesem Fall also erst mal die Süßigkeiten außer Reichweite zu packen.

Sie arbeiten an der Stelle mit Ihren Kunden beispielsweise daran, die richtigen Netzwerke aufzubauen, sich von toxischen Mitarbeitern oder Mitmenschen zu befreien, sich abzugrenzen gegenüber Kollegen, dem Partner, den Kindern oder Eltern, neue Beziehungen zu knüpfen oder alte aufzulösen. Vielleicht arbeiten Sie auch mit Ihren Kunden daran die physische Umgebung, beispielsweise am Arbeitsplatz zu optimieren oder machen ihm oder ihr per Aufstellungsarbeit klar, wo er oder sie sich innerhalb einer Gruppe, der Familie oder der Kollegen befindet.

### FÜNFTE KATEGORIE: MINDSET

Der letzte Punkt, bei dem Sie Ihren Kunden helfen, ist ihr Mindset zu meistern und somit die eigenen Ängste, Zweifel und limitierenden Glaubenssätze los zu werden, um voller Zuversicht und Selbstbewusstsein die eigenen Ziele anzupacken.

Dieser Kategorie können Sie gar nicht genügend Bedeutung beimessen, denn in den allermeisten Fällen ist es das Mindset, das Ihre Zielkunden vom Erreichen des Ziels abhält. Es sind die Gedanken, die er jeden Tag denkt, die bewirken, dass sie immer noch da steht, wo sie steht, denn was ihre Kundin denkt, bestimmt ihre Lebenswirklichkeit. Genau aus diesem Grund braucht sie Ihr Coaching. Genau aus diesem Grund sind viele Beratungsansätze mittlerweile nutzlos. Genau aus diesem Grund ist Coaching eine so wertvolle Dienstleistung.

## Fehler 3: Sie zögern, den Preis zu nennen und das Angebot zu platzieren

Das geht vielen Coaches (und auch anderen Unternehmern) so: Sie fühlen sich nicht wohl dabei, Ihren Preis zu nennen und das Angebot zu platzieren. Manchmal endet das damit, dass Sie ein Erstgespräch führen und am Ende einfach darauf hoffen, dass Ihr Interessent Sie fragt, ob Sie ihn nicht weiter betreuen könnten. Aber das passiert äußerst selten. Manchmal schon und das fühlt sich dann großartig an. Tatsache ist aber, dass die wenigsten Menschen da draußen Schnellentscheider sind. Es gilt für Sie also, die Unsicherheit abzulegen und zu üben, Ihren Preis auszusprechen und mit den richtigen Fragen das Angebot zu platzieren.

MINDSET-MOMENT: MEHR ALS EIN NEIN WIRD NICHT PASSIEREN

Ja und Nein sind in unserer Welt untrennbar. Wo es ein Ja gibt, gibt es auch ein Nein. Hinter der Angst ein ›Nein‹ zu hören, liegt unsere Urangst vor Ablehnung. Aus der Erfahrung der Arbeit mit vielen Hunderten Coaches rate ich Ihnen: überwinden Sie diese Angst, indem Sie sich aktiv dem ›Nein‹ aussetzen. Es passiert nichts, wenn Ihr Zielkunde Nein sagt. Das ist weder ein Urteil über Ihre Person noch über Ihr Angebot. Viele meiner Kunden arbeiten am Anfang aktiv an den ›Neins‹. Sie sind nicht zu vermeiden, denn kein Unternehmer da draußen, macht aus jedem Gespräch einen Kunden. Machen Sie sich klar: Nicht gekauft hat er schon (frei nach Limbeck 2018) und gehen Sie selbstbewusst und frei von Bedürftigkeit in Ihre Erstgespräche.

## Fehler 4: Sie sprechen die Widerstände und Bedenken Ihres Zielkunden nicht an

Eine weitere Situation, die in Kennenlern- oder Erstgesprächen oft erfolgt, ist diese: Sie beraten oder coachen Ihren Interessenten und platzieren auch das Angebot. Und dann sagt ihr Interessent folgendes: ›Wissen Sie was? Ich überlege mir das.‹

Als Coach wollen Sie natürlich nicht aggressiv sein oder manipulieren, aber als Coach ist es genauso Ihre Aufgabe, Ihren Interessenten bei der Entscheidungsfindung zu helfen. Eine Frage, die ich nach dieser Aussage oft stelle ist: »Hört sich an, als würde ein Teil von Ihnen gerne ja sagen, der andere hat noch Angst davor. Ist das so?«. Wenn Sie dann ein ›Ja‹ hören, können Sie die Widerstände und Bedenken Ihres Interessenten direkt ansprechen. Meist stecken dahinter Ängste wie Fehl-Investments von Zeit und Geld, aber auch Befürchtungen, es nicht zu schaffen.

Als Coach müssen Sie kein Star-Verkäufer sein. Dennoch dürfen Sie eine gewisse Professionalität in Ihren Erstgesprächen erzielen und Erstgespräche üben. Um Coaching zu verkaufen ist das von herausragender Bedeutung, da Sie ansonsten schnell auch ›umsonst‹ coachen.

MINDSET-MOMENT: ERST VERHANDELN, DANN COACHEN

Was das Erstgespräch angeht, gibt es unterschiedliche Vorgehensweisen. Wenn Sie gerade erst starten oder einfach noch nicht viele Erstgespräche geführt haben, dürfen Sie auf ein vorgefertigtes Skript vertrauen. Wenn Sie schon erfahrener Coach sind, dürfen Sie dazu übergehen, über Ihre Erfolgsgeschichten zu verkaufen. Egal jedoch, ob Sie erst starten oder schon fortgeschrittener Coach sind. Zunächst klären Sie die Zusammenarbeit und dann coachen Sie. Genauso wie jeder andere Dienstleister auch.

## Fehler 5: Nicht genügend Zeit für das Gespräch einplanen

Natürlich wollen und sollen Sie als Coach Ihre Zeit in den Kennenlern- oder Erstgesprächen nicht kostenlos verplempern. Daher stelle ich immer wieder fest, dass diese Gespräche auf 20 Minuten begrenzt werden. Vom Grunde her ist das auch sinnvoll.

Was dann aber bei vielen passiert, ist, dass Sie in den 20 Minuten gerade mal die Problemstellung Ihres Interessenten herausarbeiten können, aber noch nicht Ihre Leistung und die Möglichkeiten der Zusammenarbeit erläutert haben. Wenn Sie dann noch einen Anschlusstermin haben oder schlimmer noch – Ihr Interessent gleich im Anschluss verplant ist – haben Sie keinerlei Gelegenheit über eine Zusammenarbeit zu sprechen. Es ist immens wichtig, dass Sie im Anschluss an Ihr Gespräch Ihr Angebot machen. Warum? Weil Sie innerhalb des Gesprächs den Bedarf Ihres Interessenten wecken. Er oder sie will optimalerweise das Problem möglichst umgehend lösen. Wenn Sie ihn oder sie dann auf ein weiteres Gespräch vertrösten, ist das Momentum weg. Somit sind die 20 Minuten, die Sie eigentlich ›nur‹ investieren wollten, völlig für die Katz. Natürlich scheint es nichts Schlimmeres zu geben, als eine ganze Stunde Zeit investiert zu haben in einen Interessenten, der dann nicht zum Kunden wird. Noch schlimmer finde ich aber, wenn Ihr Interessent eigentlich bereit wäre, mit Ihnen zusammen zu arbeiten, Sie aus Zeitgründen Ihr Angebot aber gar nicht platzieren können.

Was Sie stattdessen tun können? Planen Sie für Ihre Kundengewinnungsgespräche mindestens 45 Minuten ein. Lassen Sie Ihre Interessenten wissen, dass die Sitzung 45 Minuten dauern wird, Sie aber vorschlagen, dass Sie beide bis zu einer Stunde im Terminkalender blocken, um auch wirklich alles besprechen zu können. Somit stellen Sie sicher, dass sowohl Ihr Interessent als auch Sie genügend Zeit einplanen.

Wenn Sie auf das Coachen von Geschäftsführern, Vorständen und Top-Level-Führungskräften abzielen und Honorar-Bereiche ab 10.000 Euro pro Jahr anstreben, also als sogenannter High Price Coach arbeiten wollen, darf diese Session sogar gern auch zwei Stunden dauern.

MINDSET-MOMENT:
ERFOLGLOSES ERSTGESPRÄCH = FALSCH INVESTIERTE ZEIT?

Viele Coaches rechnen mir vor, wie viel Zeit sie in erfolglose Erstgespräche ›fehlinvestieren‹. Ob diese Zeit wirklich fehlinvestiert ist, hängt aber davon ab, an welcher Stelle Ihres Business Sie stehen. Zu Beginn meines Coaching-Business habe ich unzählige Erstgespräche geführt und meine Erfolgsquote war nur gering. Aus diesen Erstgesprächen habe ich aber wertvolle Erfahrungen gesammelt und weiß heute genau, was meine Zielkunden wollen und brauchen, welche Akquise-Kanäle sich für mich lohnen und welche nicht und wie ich ein solches Erstgespräch einleiten sollte. *Von allen diesen Faktoren ist der Erfolg abhängig.*

Wenn Sie bereits fortgeschritten sind und viel Zeit in Erstgespräche investieren, die Ihnen nie einen Kunden gebracht haben, dürfen Sie wieder zurück an den Start und Ihre Nische, Ihr Angebot und Ihren perfekten Zielkunden überarbeiten. In den meisten Fällen wurden die Erstgespräche jedoch noch nicht oft genug geübt, weil oft genug auch nicht genügend Bewerbungen dafür reinkommen.

Stellen Sie auf jeden Fall sicher, dass Sie genügend Zeit geblockt haben und befreien Sie sich vom Gedanken der Zeitverschwendung. Wenn Sie an dieser wichtigen Stelle Ihren Interessenten verlieren, verlieren sie beide. Sie haben Zeit investiert und trotzdem keinen neuen Kunden. Und Ihr Kunde verliert, weil er sein Ziel ohne Ihre Hilfe vielleicht gar nicht erreicht.

# Erstgespräche gewinnen

Das beste Erstgespräch nützt Ihnen natürlich nichts, wenn Sie gar nicht genügend davon führen, denn auch ein persönliches Verkaufsgespräch ist kein Erfolgsgarant; auch persönliche Verkaufsgespräche haben eine Erfolgsquote. Sie müssen also möglichst viele dieser Erstgespräche führen. Oder besser noch: möglichst viele Ihrer Zielkunden und Zielkundinnen dazu bewegen, sich für ein Erstgespräch bei Ihnen zu bewerben. Die Möglichkeiten, um Bewerbungen für solche Erstgespräche zu gewinnen, sind durch die neuen und sozialen Medien heute riesig. Aber auch offline – also auf die gute alte Art und Weise – ist es möglich, Bewerbungen dafür zu erhalten. Es wäre so schön, wenn es so einfach wäre, aber das ist es nun mal nicht: Viele Coaches schreiben auf Ihre Website das Angebot eines kostenfreien Erstgesprächs. In den wenigsten Fällen meldet sich daraufhin tatsächlich ein Interessent bei ihnen.

Das Problem dabei ist zweigeteilt. Zum einen ist der Verkauf von Coaching eine Vertrauenssache. Es reicht einfach nicht aus, dass jemand einmalig Ihre Website besucht, um zu entscheiden ob er oder sie mit Ihnen zusammenarbeiten will. Dennoch ist es möglich, über die Website Coaching-Kunden zu gewinnen. Dafür bedarf es allerdings mehr als das Angebot des kostenlosen Erstgesprächs. Hinzu kommt, dass ein kostenloses Erstgespräch, sofern Sie diese Bezeichnung wählen, für Ihre Zielkunden wenig attraktiv ist. Die Idee dahinter ist natürlich absolut in Ordnung. Sie wollen Ihrem Zielkunden im persönlichen Gespräch die Entscheidung für die Zusammenarbeit erleichtern.

Das Problem dabei: Ein solches Erstgespräch ist meist viel zu unspezifisch. Gerade wenn Ihr Coaching-Portfolio weitreichend ist und Sie in unterschiedlichen Lebensbereichen coachen, fehlt dahinter das Wissen, in welchem Bereich Ihr Interessent gerade die größte ›Baustelle‹ hat. Weit attraktiver ist eine Session, die spezifisch auf die Herausforderung Ihres Zielkunden passt. Das kann einfach eine ›Strategie-Session‹ oder eine ›Business-Breakthrough-Session‹ sein, wenn Sie Business-Coach sind, oder aber eine ›Endlich schlank‹-Session, eine ›Weg-vom-Stress‹-Session oder eine ›Karriere-Kickstart‹-Session. Der erste Schritt ist also, Ihr Erstgespräch spezifisch und attraktiv zu benennen.

Im zweiten Schritt rate ich Ihnen dazu, diese nicht über die Website anzubieten, sondern zu bestimmten zeitlich begrenzten Gelegenheiten. Sollte ein Zielkunde Ihre Website besuchen und sie so überzeugend finden, dass er sofort mit Ihnen arbeiten möchte, wird er sowieso das Telefon in die Hand nehmen und Sie anrufen. Auch ohne Ihre Aufforderung dazu. Das dauerhafte Anbieten des kostenlosen Erstgesprächs – egal wie attraktiv benannt – über die Website funktioniert für viele nicht, weil die einzige Botschaft, die Sie damit übermitteln ist, dass Sie zu wenige Kunden haben und jederzeit neue annehmen. Was jederzeit verfügbar ist, ist für uns aber wenig attraktiv.

Alternativ können Sie Ihre attraktiv benannten Erstgespräche beispielsweise nach einem Vortrag oder einem Webinar anbieten oder auch mit einer ›Sonderaktion‹ über Ihren E-Mail-Verteiler.

## Offline-Wege, um Erstgespräche zu gewinnen

Wenn Sie bisher noch wenig onlineaffin sind oder noch keinerlei Unterstützung in dieser Hinsicht haben, wird es Sie freuen, dass Sie auch in der heutigen Zeit neue Kunden immer noch offline gewinnen können.

Nachfolgend zeige ich Ihnen die effektivsten Wege:

## INSIGHT-SESSIONS

Insight-Sessions sind kurze, bis zu 20-minütige Befragungen Ihrer Zielkunden, die Ihnen im ersten Schritt vor allem mehr Klarheit über die Zielkunden bringen. Sie erfahren, wo die Herausforderungen und Schmerzpunkte Ihrer Zielkunden und Zielkundinnen wirklich liegen. Wenn Sie wissen, was Ihre Zielkunden wirklich wollen, ist es leicht, ein unwiderstehliches Angebot zu unterbreiten. Ihrem Gesprächspartner bringt diese Session einen ersten Überblick über seine aktuelle Situation und somit ebenfalls einen Mehrwert.

### AUFBAU EINER INSIGHT-SESSION

Zu solchen Insight-Sessions laden Sie idealerweise Menschen ein, von denen Sie denken, dass Sie zu Ihren Zielkunden gehören, wie beispielsweise:

- Kollegen, Ex-Kollegen, Kontakte aus Ihrer Zeit in Ihrer ersten Karriere (ggf. können diese Menschen Ihnen wiederum andere Menschen vorstellen),
- Social-Media-Kontakte (Facebook, XING, LinkedIn, Gruppen in diesen Netzwerken, in denen Sie Ihre Zielkunden vermuten),
- Offline-Netzwerke, an denen Sie teilnehmen oder Mitglied sind,
- Ihr Visitenkartenbuch,
- Menschen, die Sie in Foren, bei Meet-Ups oder weiteren Netzwerk-Veranstaltungen treffen,
- Familie, Freunde.

Führen Sie im Zweifel lieber zu viele als zu wenige Gespräche, denn die Einblicke, die Sie damit in Ihren Zielkundenmarkt bekommen, sind unbezahlbar.

Eine Insight-Session besteht aus vier Teilen:
Im ersten Teil bauen Sie eine Beziehung zu Ihrem Gesprächspartner mit Small-Talk oder dem Hinweis auf Gemeinsamkeiten auf.

Im Anschluss erklären Sie, was Sie mit dem Gespräch vorhaben und was genau im Gespräch passieren wird, damit sich Ihr Gesprächspartner entspannt darauf einlassen kann. Dann stellen Sie Fragen, mit denen Sie die Herausforderungen Ihres Zielkunden erfahren, sowie die Hürden, die ihm im Weg stehen. Außerdem fragen Sie nach dem bestmöglichen Ergebnis, das sich Ihr Zielkunde in Bezug auf die Herausforderung wünscht. Achten Sie hier auch wieder darauf, die dahinterliegenden Emotionen aufzudecken. Als letztes folgt die Handlungsaufforderung. Hier ist Ihre Zielsetzung, ein separates Erstgespräch zu führen.

Wenn Sie also feststellen, dass ihr Gesprächspartner eine konkrete Herausforderung hat, bei der Sie helfen können, bieten Sie eine separate Strategie-Session (oder wie auch immer Sie Ihr Erstgespräch nennen) an, indem Sie klären, wo genau Sie unterstützen und wie Sie zusammenarbeiten können.

Wenn Sie jedoch feststellen, dass Ihr Gesprächspartner nicht ganz der perfekte Zielkunde für Sie ist, fragen Sie am besten nach einer Empfehlung für weitere Gesprächspartner.

MINDSET-MOMENT: INSIGHT-SESSION – GETARNTER VERKAUF?

Vor allem die eher introvertierten Coaches haben oftmals Angst davor, in diesen direkten Austausch mit Ihren Zielkunden zu gehen. Typische Gedankengänge dazu sind: »Ich kann doch niemanden damit belästigen« oder »Ich weiß doch gar nicht genau, ob mein Gegenüber wirklich ein guter Zielkunde wäre«. Oftmals werden auch Insight-Sessions geführt, bei denen der Coach immer zu dem Schluss kommt, dass das Gegenüber keine Hilfe braucht. Dahinter steckt in den meisten Fällen die Angst, diese Sessions zu führen.

Machen Sie sich klar, dass Insight-Sessions nichts mit Belästigung zu tun haben, sondern mit Interesse für Ihre Zielkunden. Jeder Mensch freut sich, wenn sich jemand ganz offen und ohne Hintergedanken für ihn oder sie interessiert. Gehen Sie also offen an das

Gespräch ran, ohne Gedanken an die Kundengewinnung und ohne das Gefühl der Bedürftigkeit nach einem neuen Kunden.

Auch wenn Sie sich noch unklar sind über Ihren Zielmarkt, helfen Ihnen Insight-Sessions weiter. Diese Klarheit werden Sie kaum über weiteres Nachdenken erzielen, sondern übers Tun und über den direkten Kontakt mit Menschen. In diesem Fall können Sie diese Sessions auch mit vielen unterschiedlichen Menschen führen, um so am Ende Ihren Zielmarkt genauer zu definieren. Insight-Sessions sind einfach nur Gespräche mit Menschen, bei denen Sie Spaß haben können, mit ihnen in Kontakt kommen und mehr über sie erfahren. Sie verkaufen niemandem etwas.

### UNTERSCHIED ERSTGESPRÄCH / INSIGHT-SESSION

Eine Insight-Session ist im Grunde genommen nichts anderes als der erste Teil Ihres Erstgesprächs. Immer dann, wenn Sie noch keinen Weg haben, der Ihnen kontinuierliche Bewerbungen für Erstgespräche einbringt, können Sie zunächst mit Insight-Sessions starten.

Der Vorteil ist, dass Sie in dieser Insight-Session herausarbeiten, mit welchen Herausforderungen Ihr Zielkunde gerade kämpft. Sie erfahren das, bevor Sie überhaupt über ein Angebot nachdenken. Eine Insight-Session ist nämlich kein ›getarntes Verkaufsgespräch‹, sondern wirklich erst mal eine Möglichkeit, Einblicke in die Welt Ihrer Zielkunden zu erhalten.

### SHOWCASE PETRA PAEGELOW

Coach für Persönlichkeitsentwicklung Petra Paegelow führt Unternehmer und Selbstständige zu mehr Freiheit, Wohlstand und Erfolg und einem Leben nach eigenen Regeln. Ihre Expertise stammt aus vielen Jahren eigener erfolgreicher Selbstständigkeit. Sie gewinnt ihre Kunden hauptsächlich über Insight-Sessions. Dazu nimmt sie Kontakt zu ihren Zielkunden über Netzwerke wie Facebook oder

LinkedIn auf und lädt zur Insight-Session ein. Wenn in dieser Session klar wird, dass sie ihrem Gesprächspartner weiterhelfen kann, lädt sie zum separaten Erstgespräch ein und platziert damit ihre Premium-Pakete zwischen 2.450 und 4.500 Euro. In der Zwischenzeit arbeitet sie an verschiedenen Wegen, um online mehr Kunden zu gewinnen. Unter anderem veranstaltet sie regelmäßige Challenges auf Facebook, baut ihren E-Mail-Verteiler auf und arbeitet an ihrem ersten Gruppen-Coaching-Programm. (petrapaegelow.de)

## NETZWERKEN

Wenn Sie darauf abzielen sich im High Price Coaching zu positionieren und mit Vorständen, Geschäftsführern und Top-Führungskräften arbeiten wollen, ist das Netzwerken für Sie unerlässlich, denn diese Zielgruppen erreichen Sie oftmals nur schwierig über Online-Marketing. Das Netzwerken ist dabei sicherlich keine kurzfristige Maßnahme, um Kunden zu gewinnen, aber eine oftmals sehr erfolgreiche, wenn Sie es richtig angehen. Es entspricht als Marketing-Methode den Vorlieben vieler Coaches. Es geht im ersten Schritt darum, weiterzuhelfen, ohne dafür eine Gegenleistung zu verlangen. Es geht um den Aufbau von Beziehungen, die belastbar sind, ohne dass Sie vom Start weg bereits sagen könnten, dass sich diese Beziehungen irgendwann für Sie lohnen. Im Vordergrund steht, was Sie für die Teilnehmer des Netzwerkes tun können, nicht, was das Netzwerk für Sie tun kann.

Dennoch ist auch das Netzwerken kein Selbstläufer, denn erfolgreiches Netzwerken lebt von der Kontinuität. Der beste Weg, um ein erfolgreiches Netzwerk aufzubauen ist, genau zu schauen, wo sich Ihre Zielkunden befinden. Wenn Sie Ideen brauchen, welche Netzwerke es auf dem deutschen Markt gibt, laden Sie sich gern eine Liste herunter auf coaching-business-mastery.de/buchdownloads. Wenn Sie die Gesetzmäßigkeiten des Netzwerkens beachten und zuerst geben anstatt zu nehmen sowie Ihrem Netzwerk einen Mehrwert bieten und die einzelnen Teilnehmer unterstützen, werden Sie nicht allzu lange warten müssen, bis auch Sie weiterempfohlen werden oder jemand aus Ihrem Netzwerk selbst Ihre Dienstleistung benötigt.

### SHOWCASE URSULA KÄMPF – ERFOLGREICHES NETZWERKEN

Business Coach Ursula Kämpf setzt in ihrer Kundenakquisition rein auf ihr persönliches Netzwerk und baut dieses kontinuierlich weiter auf. In ihrer ersten Karriere arbeitete Sie als Führungskraft in einer Bank und kann durch diese Zeit auf erste Kontakte zurückgreifen. Heute coacht sie Vorstände, Geschäftsführer und Top-Führungskräfte zu Leadership-Themen. Das reicht von der strategischen Entwicklung eines effizienten Führungs-Mindset über typische Führungsherausforderungen bis hin zur Balance zwischen Arbeit und Privatleben. Über Insight-Sessions und Strategie-Sitzungen hat sie aus diesem Netzwerk bereits Kunden für ihr Jahrescoaching à 15.000 Euro gewonnen.

Sie bleibt gezielt mit Menschen aus interessanten Business-Zweigen in Kontakt, geht Mittagessen, verabredet sich schon vor interessanten Business-Events zum Gespräch und spricht über Erfolgsgeschichten. Durch spontane kleine Hilfestellungen zeigt sie Kompetenz und bekommt häufig ganz nebenbei neue Empfehlungen. Außerdem ist es ihr Anspruch in jedem Coaching die Erwartungen mehr als zu erfüllen, so dass sie über ihre Coachings an Privatpersonen auch von Unternehmen gebucht wird. Zudem fragt sie aktiv nach Weiterempfehlungen und erhält somit immer wieder die Möglichkeit, Insight- und Strategie-Sessions mit neuen Zielkunden zu führen und so neue Kunden zu gewinnen. Für diesen Akquisitions-Prozess nimmt sie sich immer viel Zeit und hat sicherlich auch dadurch eine sehr hohe Abschlussquote (ursula-kaempf.de [31.10.2019]).

MINDSET-MOMENT: NICHT VERKAUFEN, SONDERN MEHRWERT BIETEN

Für viele ist aktives Netzwerken verschwendete Zeit. Immer wieder höre ich den Satz, dass in den Netzwerken keine Zielkunden zu finden sind. Machen Sie sich klar, dass Sie als Coach Ihre Zielkundschaft nie auf dem Silbertablett serviert bekommen. Wenn es Ihr Ziel ist, Ihre Zielkundschaft gesammelt an einem Ort anzutreffen, dann dürfen Sie Ihr eigenes Netzwerk gründen. Dagegen spricht selbstverständlich nichts. Dann entscheiden Sie, wen Sie in dieses Netzwerk einladen.

Gerade beim aktiven Netzwerken geht es nie um den Verkauf Ihres Coachings, sondern immer erst um die Hilfe, die Sie den Mitgliedern des Netzwerks geben können. Das heißt nicht, dass Sie die Mitglieder des Netzwerkes umsonst coachen sollen. Aber Sie sollen darüber nachdenken, wie Sie den Menschen in diesem Netzwerk weiterhelfen können. Können Sie wertvolle Kontakte vermitteln? Können Sie bei Veranstaltungen organisatorische Tätigkeiten oder die Moderation übernehmen? Können Sie andere Mitglieder des Netzwerks in ihren Zielen unterstützen? Wenn Sie das tun, ist es irgendwann garantiert, dass die Mitglieder des Netzwerks Sie unterstützen, wenn Sie beispielsweise um Empfehlungen oder um Kontakte für Insight-Sessions bitten. Dann werden Sie auch gern weiterempfohlen, wenn ein Mitglied des Netzwerks jemanden kennt, dem Sie mit Ihrem Coaching weiterhelfen können oder die Mitglieder des Netzwerks nehmen selbst Ihre Dienstleistung in Anspruch.

## VORTRÄGE

Eine weitere Maßnahme, um ohne Online-Marketing oder Technik-Einsatz Kunden für Ihre Premium-Pakete zu gewinnen, sind Vorträge. Wichtig dabei ist, dass Sie nicht selbst zu diesen Vorträgen einladen, sondern vorhandene Netzwerke nutzen, denen Sie Ihren Vortrag anbieten können. Es gibt Tausende von Konferenzen, Events, Meetings und sonstigen Zusammenkünften, für die Sie sich als Vortragender oder Referent bewerben können. Das Beste an diesen Veranstaltungen ist, dass Sie sich meist an eine sehr eng gesteckte Zielgruppe richten. Wenn Sie also die richtige Veranstaltung gefunden haben, haben Sie die geballte Ladung Zielgruppe vor sich.

Egal ob lokales Business-Treffen oder nationale Konferenz: Es gibt Wege, um herauszufinden, welche Veranstaltungen außerhalb der Ihnen bereits bekannten Events Sie noch nutzen können. Neben dem Hauptvortrag – der sogenannten Keynote – die Sie vielleicht erst anbieten wollen, wenn Sie schon ein geübterer Redner sind, können Sie natürlich auch Workshops halten oder Gesprächsrunden moderieren.

### VERANSTALTUNGEN FINDEN

- Business-Netzwerke gibt es so gut wie in jeder Stadt und in jeder Branche. Diese brauchen für Ihre regelmäßigen Treffen meist einen Vortrag. Dabei sind nicht nur Business-Themen erwünscht. Es besteht immer auch ein Interesse an Themen wie der ›Erhaltung der Leistungsfähigkeit‹, ›Stress-Vermeidung‹, ›Konflikt-Bewältigung‹, ›Abgrenzung‹ und so weiter.
- Die Industrie- und Handelskammer organisiert regelmäßig Veranstaltungen zu unterschiedlichen Themen, für die sie immer wieder Referenten braucht.
- Bei zahlreichen Messen gibt es mittlerweile auch einen Kongress-Teil mit Vorträgen und Workshops.
- Gemeinnützige Vereine wie die Rotarier oder der Lions Club suchen ebenfalls öfters nach Vorträgen und Referenten.
- Geben Sie bei Google entweder ›Business Club‹ oder ›Netzwerk‹ und Ihre Stadt ein oder Konferenz oder Messe gemeinsam mit Ihrer Branche. Auch hier werden Sie zahlreiche Ergebnisse finden.

Weitere gute Quellen sind die Internetportale MeetUp oder Eventbrite. Diese Portale sind zwar meist recht kurzfristig, d.h. sie zeigen die Veranstaltungen der nächsten ein bis zwei Monate, bei denen oftmals die Referenten schon feststehen. Dennoch geben Sie einen hervorragenden Überblick über regelmäßige Veranstaltungen, für die man sich für eine Folgeveranstaltung als Referent melden kann. Gerade die kleineren Netzwerk-Veranstaltungen sind immer wieder auf der Suche nach Referenten. Es geht hier allerdings nicht darum, mit Ihrem Vortrag Geld zu verdienen und sich für den Vortrag bezahlen zu lassen. Das ist nochmals ein völlige anderes Geschäft. Sie bieten einen kostenlosen Vortrag zu Ihrem Thema an, um am Ende Ihre Erstgespräche anzubieten und darüber Kunden für Ihre Premium-Pakete zu gewinnen. Wenn Sie ein weitere Inspirationen brauchen, welche Netzwerktreffen, Messen oder Kongresse Sie nutzen können, dann laden Sie sich die Liste der Netzwerke in Deutschland herunter (coaching-business-mastery.de/buchdownloads).

MINDSET-MOMENT: »ICH BIN KEIN VORTRAGS-PROFI«

Um Vorträge zu halten, müssen sie kein Profi-Redner sein. Sie müssen auch nicht direkt von der Bühne verkaufen. Sie dürfen menschlich, nahbar und ›fehlerbehaftet‹ sein – in den meisten Fällen fühlen sich Ihre Zuhörer dann umso mehr mit Ihnen verbunden.

### VORAUSSETZUNGEN, UM KUNDEN ZU GEWINNEN

Um aus Ihren Vorträgen auch tatsächlich Kunden zu gewinnen, sollten Sie drei Voraussetzungen erfüllen:

1) EIN STARKES THEMA: Sie überlegen sich ein starkes Thema. Eines, das Ihre Zielkunden betrifft. Vielleicht gibt es ja auch gerade ein Trendthema, das gut zu Ihrer Nische passt. Ich halte beispielsweise Vorträge dazu, wie Sie in drei Schritten zum Experten in Ihrer Nische werden, wie Sie über die sozialen Netzwerke Kunden gewinnen

oder wie Sie in fünf Schritten ein profitables Coaching-Business aufbauen. Machen Sie klar, warum Ihr Thema unglaublich wichtig ist und welche Auswirkungen es auf die Lebensbereiche Ihrer Zuhörer hat.

2) NICHT ZU VIELE INHALTE: Überhäufen Sie Ihre Zuhörer nicht mit zu vielen Inhalten während Ihres Vortrags. Nutzen Sie stattdessen Ihr Programm, das Sie im Vortrag vorstellen und das im Idealfall aus drei bis fünf Schritten, Modulen oder Meilensteinen besteht. Nun wollen Sie nicht jeden Schritt bis in alle Tiefe erklären, das würde zum einen zu lange dauern und zum anderen Ihre Zuhörer überfordern. Beschränken Sie sich daher auf einen Schritt, ein Modul oder einen Meilenstein, den Sie in aller Tiefe und Breite erklären. Die restlichen Schritte reißen Sie an, gehen aber eben nicht tiefer. Somit öffnen Sie den Raum zwischen dem Schmerzpunkt, den Ihre Zuhörer haben, und dem was Sie bieten. In den meisten Fällen wird das der erste Schritt Ihres Programms sein.

### MINDSET-MOMENT: NICHT ALLES ›HERAUSGEBEN‹ IM VORTRAG

Sehr oft höre ich Redner, die in ihrem Vortrag unbedingt zeigen wollen, was sie alles können und wissen und ihre Zuhörer mit der Fülle von Informationen einfach nur überfordern. Denken Sie immer daran, dass Sie Ihre Zuhörer nicht damit bestrafen, wenn Sie ihnen nicht alle Informationen liefern, sondern dass Ihre Zuhörer keine Experten auf Ihrem Gebiet sind. Damit sie einen wertvollen Vortrag erfahren, ist es daher absolut ausreichend auf einen Ihrer Schritte ganz tief einzugehen.

Sie liefern im Vortrag also die Lösung für ein erstes Problem Ihrer Zuhörer (Ihren ersten Schritt), machen aber klar, dass es zur Lösung des Gesamtproblems weiterer Schritte bedarf, bzw. es einer Begleitung bedarf, um die Veränderung wirklich auch nachhaltig zu machen. Ihr Angebot zum Erstgespräch ist am Ende dann die Möglichkeit die finale Lösung herbeizuführen.

3) ERFOLGSGESCHICHTEN VON KUNDEN UND EXPERTENSTATUS: Bauen Sie in Ihren Vortrag, wenn möglich, Erfolgsgeschichten von Kunden und Referenzen ein. Das sorgt für Glaubwürdigkeit. Diese Glaubwürdigkeit zeigen Sie, indem Sie zum Beispiel Zertifikate oder Ausbildungen nennen (zertifizierter ACC Coach o. ä.), Medienerwähnungen auflisten und Erfolgsstorys präsentieren. Wenn Sie gerade erst starten, können Sie auch auf Ihre vergangene Karriere zurückgreifen, sofern diese zum Thema passt. Sobald Sie jedoch Ihre ersten Erfolge vorweisen können, sollte der Anteil an vergangenen Erfolgen zurückgenommen werden. Das darf sich entwickeln. Genauso möglich sind auch bestimmte Fähigkeiten, die Sie über die Zeit entwickelt haben, wie Stress-Resistenz durch eine große Familie. Was ebenfalls für den Start funktioniert ist, dass Sie sich beispielsweise ein Zitat eines Prominenten über die Wirksamkeit von Coaching heraussuchen und somit die Wichtigkeit von Coaching unterstreichen. Zeigen Sie zudem, dass Sie menschlich und somit in gewisser Weise verletzlich sind. Das schafft eine Verbindung zu Ihren Zuhörern. Verletzlichkeit zeigen Sie über Ihre persönliche Geschichte. Warum tun Sie, was Sie tun? Durch welches Tief mussten Sie selbst gehen, bevor Sie heute Ihren Kunden dabei helfen, diese Herausforderungen zu überwinden? Durch welche Krise mussten Sie selbst, die Sie erfolgreich gemeistert haben? Was hat Ihnen auf der Welt gefehlt, weshalb Sie mit Ihrem Coaching-Business gestartet sind? Hier können Sie ganz wunderbar Ihre Mission einbringen und Ihre eigenen Geschichte, die Sie unverwechselbar macht.

### ÜBERLEITUNG ZUM ERSTGESPRÄCH UND BEDINGUNGEN

Verteilen Sie am Ende Ihres Vortrags ein Formular mit einem wirklich kurzen Überblick (gerne als Grafik) zu Ihrem Vortrag und einem Bewerbungsformular zu einer begrenzten Anzahl an Erstgesprächen (zum Beispiel 5 Stück). Ein Beispiel, wie ein solches Bewerbungsformular aussehen kann, finden Sie hier: coaching-business-mastery.de/buchdownloads.

Erklären Sie dann, was die Zuhörer in dieser Session erwartet und warum sie vorteilhaft für sie ist. Wenn Sie zudem mögen, können Sie dieser Session auch einen Wert geben, den Sie normalerweise dafür verlangen.

Gerade bei Vorträgen sollten Sie Ihr Angebot an Erstgesprächen immer begrenzen. Das macht sie attraktiver und zeigt, dass Sie nicht unbegrenzt Zeit haben, um Jedermanns Probleme zu lösen. Das stellt auch von vorne herein klar, dass Sie ein professioneller Coach sind und keine Lust auf ›Schnäppchenjäger‹ und ›Abstauber‹ haben, die vor allem auf eine kostenlose Coaching-Session aus sind. Sie brauchen keine Rechtfertigung, warum Sie die Sessions auf eine bestimmte Anzahl begrenzen. Sollten sich mehr Ihrer Zuhörer darauf bewerben, können Sie zudem ebenfalls entscheiden, alle Gespräche zu führen. Oder Sie sortieren von vorne herein die Bewerber aus, von denen Sie denken, dass sie keine perfekten Kunden für Sie wären.

### MINDSET-MOMENT: WERTSCHÄTZEN SIE IHRE ZEIT

Gerade wenn Sie aktuell noch nicht genügend Kunden haben oder erst in Ihr Coaching-Business starten, fällt es Ihnen vielleicht schwer, die Anzahl Ihrer Erstgespräche zu begrenzen. Schließlich haben Sie Zeit und würden sich freuen, wenn Sie so viele Erstgespräche wie möglich führten. Machen Sie sich an der Stelle klar, dass es für uns Menschen völlig unattraktiv ist, etwas zu erhalten, was wir jeden Tag erhalten können. Sie machen damit Ihr Coaching zu etwas Alltäglichem, zu einem ›Nice-to-Have‹ und positionieren sich somit weiterhin als bedürftiger Coach. Tun Sie sich selbst den Gefallen und wertschätzen Sie Ihre Zeit. Stellen Sie klar, dass Sie – auch wenn Sie noch nicht genügend Kunden haben – nicht den ganzen Tag Erstgespräche führen würden. Stellen Sie klar, dass Sie nur mit Kunden arbeiten wollen, die auch wirklich veränderungsbereit sind und dass Sie das auswählen. Mit der Begrenzung Ihrer Erstgespräche rücken Sie Ihr Coaching einen Schritt weiter in Richtung ›Must-Have‹.

## Online-Wege, um Erstgespräche zu gewinnen

Egal, wie technikaffin Sie sind oder wie viel oder wenig Sie mit Internet und Online-Medien bereits zu tun haben: Das Internet gibt uns die Möglichkeit, von unserem Computer aus, die ganze Welt zu erreichen. Das ist gerade für Sie als Coach eine hervorragende Nachricht. Wenn Sie dazu noch entscheiden, Ihr Coaching auch online anzubieten, sind Sie nicht mehr auf mögliche Zielkunden in Ihrer Region begrenzt, sondern können Ihre Dienstleistung im gesamten deutschsprachigen Raum anbieten. Gerade für Starter ist das eine hervorragende Ausgangslage.

Der wohl einfachste Schritt, über Ihren Computer neue Kunden zu gewinnen, ist eine E-Mail an Ihr Netzwerk zu versenden. In diesem ersten Schritt geht es also noch nicht um E-Mail-Marketing, sondern erst einmal darum, Ihr persönliches Netzwerk über Ihr Angebot zu informieren. Das tun Sie, indem Sie jeden Ihrer Kontakte einzeln anschreiben. Bitte setzen Sie dazu keine generische Massen-E-Mail auf. Sie wollen zeigen, dass Sie persönlich arbeiten und dass Ihnen jeder Ihrer Kontakte individuell wichtig ist. Verfassen Sie also für jede E-Mail eine persönliche Einleitung und erklären Sie dann, für wen Sie der richtige Anbieter bzw. die richtige Anbieterin sind und was nach einer Zusammenarbeit mit Ihnen besser ist. Keine langwierigen Absätze über Sie selbst. In dieser E-Mail geht es darum klarzustellen, dass Sie etwas Wertvolles für den Empfänger bieten. Gern bieten Sie auch ein kostenloses Erstgespräch an. Denken Sie auch hier wieder an die attraktive Benennung dieser Session. Begrenzen Sie zudem das Angebot wieder auf maximal fünf Sessions à maximal 45 Minuten und setzen Sie eine Bewerbungsfrist. Je persönlicher Sie diese E-Mail verfassen, umso mehr Rückmeldungen werden Sie bekommen. Bei einigen meiner Kunden hat bereits diese E-Mail zu vielen Erstgesprächen und ersten Kunden geführt. Über diesen ersten einfachen Schritt hinaus, gibt es weitere Möglichkeiten, um Onlinebewerbungen für Erstgespräche bei Ihnen zu erwirken, die ich nachfolgend erläutere.

## WEBSITE UND BLOG

Während viele Coaches ihre Website immer noch als reine Visitenkarte im Netz sehen, kann sie – gepaart mit den richtigen zusätzlichen Maßnahmen – weit mehr. Voraussetzung dafür, dass Ihre Website Kunden gewinnt, ist jedoch, dass Sie darauf Ihre Zielkunden und deren Herausforderungen gezielt ansprechen anstatt lediglich zu erklären, was Coaching ist, wie Coaching wirkt und welche Methoden Sie verwenden. Das interessiert Ihre Zielkunden nur nachrangig.

Ihre Website sollte auf den ersten Blick klar machen, für wen sie geschrieben ist. Die Besucher sollten auf Anhieb erkennen, ob sie hier richtig sind. Entweder durch Ihren Blog auf der Startseite, in der Sie Themen platzieren, die Ihre Zielkunden interessieren oder über das Aufzeigen der aktuellen herausfordernden Situation, in der sich Ihre Zielkunden befindet. Weitere Menüpunkte Ihrer Website sollten vor allem Ihre ›Über Mich‹-Seite, Ihre ›Angebots-Seite‹, Ihr Blog (falls dieser nicht schon direkt auf der Startseite zu finden ist) und Ihr Eintritt in Ihren E-Mail-Verteiler sein.

Hier funktioniert es leider nicht mehr, wenn Sie anbieten, dass sich jemand für Ihren Newsletter eintragen kann, um immer auf dem Laufenden zu bleiben, denn Newsletter und Informationen erhalten wir jeden Tag zu Genüge. Was jedoch funktioniert, ist eine kostenlose erste Ressource, einen sogenannten Lead Magnet wie beispielsweise eine kostenlose Checkliste, ein kostenloses Video-Training o. ä. anzubieten, den sich Ihr Website-Besucher sichert und im Gegenzug die eigene E-Mail-Adresse hinterlässt. Mehr zu Sinn, Zweck und Funktionsweise des Lead Magnet erfahren Sie im Kapitel ›Voraussetzungen des E-Mail-Marketings‹.

### WARUM SIE EINEN BLOG BRAUCHEN

Ihr Blog ist nicht einfach dazu da, Ihnen zusätzliche Arbeit zu machen und damit Sie regelmäßig Ihre Gedanken und Neuigkeiten dort veröffentlichen. Ihr Blog ist viel mehr: Ihr Blog gibt Ihnen die Möglichkeit, mit Menschen zu interagieren. Er schafft also eine Gemeinschaft und zwar ohne, dass Sie jeden Kunden oder potenziellen Kunden einzeln ansprechen müssten.

Blogs sind außerdem hervorragende SEO Maschinen (Search Engine Optimization – Suchmaschinenoptimierung). Da meist viele Worte – darunter die für Ihr Business wichtigen Schlagworte (sogenannte Keywords) – in einem Blog stehen, vergrößert sich die Chance, dass Google Sie weit oben listet, wenn jemand nach Lösungen für ein Problem sucht, für das Sie mit Ihrem Coaching die Lösung bieten.

Mit einem Blog, der natürlich nicht nur aus Text, sondern eben auch aus Videos oder Podcast-Folgen bestehen kann, stechen Sie aus der Masse Ihrer Konkurrenz hervor, denn dort können Sie nicht nur Ihr Coaching bewerben, sondern zeigen auch wofür Sie stehen. Gerade bei Branchen mit viel Wettbewerb – und das ist die Coaching-Branche – ist das ein ausschlaggebender Punkt. Das werden Sie auch schon an sich selbst beobachtet haben: Sie kaufen lieber bei Anbietern, die Ihre Ansichten teilen, als bei solchen, die das nicht tun.

Ihr Blog ist also nichts anderes als eine Marketing-Maßnahme für Sie und hilft Ihnen dabei, mit Ihren Zielkunden und Ihren aktuellen Kunden in Verbindung zu treten, eine Beziehung aufzubauen und letztlich zu verkaufen. Ziel Ihres Blogs ist es somit, den ›Kennen-Mögen-Vertrauen-Faktor‹ aufzubauen. Die ganz große Reichweite steht dabei nicht im Fokus. Besser, Sie haben 100 regelmäßige Blog-Leser und E-Mail-Abonnenten und 50 davon kaufen bei Ihnen, als wenn sie 10.000 Leser haben, aber nur fünf wirklich zu Ihren perfekten Zielkunden gehören.

Genauer gesagt ist die Zielsetzung Ihres Blogs neue Kontakte zu generieren, Interessenten in Kunden zu verwandeln, Ihre Beziehung zu aktuellen Kunden zu stärken und sie zu ›Wiederkäufern‹ zu machen, Interessenten dazu zu bringen, sich für Ihr E-Mail-Marketing zu registrieren, sich als Branchen-Experte zu positionieren und zu etablieren, sich vom Wettbewerb abzuheben, als Branchen-Experte zu Talks und Fachmessen eingeladen zu werden, Ihr Coaching besser zu erklären und gern auch die Medien auf Sie aufmerksam zu machen.

Die Website mit Ihrem Blog ist die Basis Ihres Online-Coaching-Business. Alle Maßnahmen, die Sie künftig unternehmen, um mehr Sichtbarkeit, mehr Bekanntheit und mehr Kunden zu gewinnen, leiten Sie auf Ihre Website und Ihren Blog. Ihr Ziel ist es dabei, Ihren E-Mail-Verteiler aufzubauen, damit Sie regelmäßig mit Ihren Zielkunden kommunizieren können, um am Ende ein Erstgespräch anzubieten und Ihre Premium-Pakete zu verkaufen.

#### WAS SIE SICH SPAREN KÖNNEN

Sparen können Sie sich hingegen ein Formular oder eine Aufforderung auf der Website, sich zum kostenlosen Erstgespräch bei Ihnen zu melden. Wenn Sie noch keinerlei Expertenstatus oder Bekanntheit haben, ist ein Erstgespräch mit Ihnen, auch wenn es kostenlos ist, wenig attraktiv und signalisiert vor allem, dass Sie neue Kunden brauchen. Wer ein wirkliches Interesse daran hat, mit Ihnen zu arbeiten, ist in der Lage über das Impressum Ihre E-Mail-Adresse und Ihre Telefonnummer herauszufinden. Darüber hinaus gibt es zielführendere Maßnahmen, um Erstgespräche zu gewinnen.

### E-MAIL-MARKETING

Um Coaching zu verkaufen ist die Grundvoraussetzung, dass Sie das Vertrauen Ihrer Zielkunden gewinnen. Vertrauen bauen Sie aber nicht über Nacht oder durch einen ansprechenden Text auf Ihrer Website auf. Vertrauen aufzubauen bedarf Zeit. Daher ist es für

Sie als Coach so wichtig, Marketing-Maßnahmen einzusetzen, die auf diesen Vertrauensaufbau einzahlen und es Ihnen ermöglichen, mehrfach bzw. dauerhaft mit Ihren Zielkunden zu kommunizieren. Und dieser Prozess – dieser Vertrauensaufbau-Prozess – dauert durchschnittlich um die sieben Kontakte lang, oftmals auch länger. Nach dem siebten Kontakt ist also gegebenenfalls jemand bereit über eine Zusammenarbeit mit Ihnen nachzudenken. Im Zeitalter vor Internet und E-Mail wäre dies nur über eine nationale Werbekampagne möglich gewesen, was Ihr Budget als Einzelunternehmer sicherlich gesprengt hätte. Heute haben Sie die Möglichkeit, zu sehr günstigen Konditionen E-Mail-Marketing zu betreiben.

Mit Ihrem E-Mail-Marketing bauen Sie sich eine Liste mit Menschen auf, die sich für Ihr Coaching und Ihre Themen interessieren. Mit dieser Liste haben Sie die Macht, sich immer dann neue Kunden zu beschaffen, wenn Sie das wollen. Auch wenn ich hier das Wort ›beschaffen‹ nutze, was sehr unpersönlich klingt: Es ist wichtig, dass Sie jederzeit im Hinterkopf haben, dass hinter jeder dieser E-Mail-Adressen eine reale Person steht. Ihr Zielkunde. Mit all seinen Wünschen, Herausforderungen und Bedürfnissen. Das ist ein erster Schritt, damit die E-Mails, die Sie dann an diese Menschen versenden – egal ob automatisiert oder manuell – sie auch wirklich ansprechen. Über Ihren E-Mail-Verteiler können Sie Ihre Zielkunden direkt zu Erstgesprächen einladen, zu Insight-Sessions, zu Vorträgen, zu Veranstaltungen, zu Webinaren, zu Online-Konferenzen, zu Videotrainings und zu vielem mehr und Sie werden immer Resonanz erhalten. Ihr E-Mail-Verteiler bringt Sie raus aus den Hochs und Tiefs, denn Sie können Ihre Kundengewinnungs-Aktionen damit planen und kontinuierlich über das Jahr verteilen.

### MINDSET-MOMENT: NICHT NOCH EIN NEWSLETTER

Wenn ich meinen Kunden im Coaching sage, dass sie als nächstes mit E-Mail-Marketing starten sollen, kommt in den meisten Fällen die Aussage: »Meine Zielkunden erhalten aber doch schon so viele E-Mails. Die öffnen die doch gar nicht mehr.« Diese Aussage ist richtig, wenn Sie einfach nur die üblichen Informationen über Ihr Business in diesen ›Newsletter‹ reinpacken.

Fragen Sie sich stattdessen, was Ihre Zielkunden wirklich interessiert. Was würde ihnen einen ersten Schritt weiterhelfen? Wie lauten die Fragen, die sich Ihre Zielkunden regelmäßig zu Ihrem Thema stellen? Ihr Ziel ist es, mit Ihrem E-Mail-Newsletter einen Unterschied für Ihre Zielkunden zu machen. Wenn Sie sich die zahlreichen Newsletter ansehen, die es da draußen auf dem Markt gibt, wird Ihnen schnell auffallen, wie Sie das tun können. Bringen Sie auch hier wieder Ihre Persönlichkeit ein, Ihre ganz individuellen Erfahrungen, Ihre Werte und Ansichten und nutzen Sie die Informationen über Ihre Zielkunden aus den Insight-Sessions, um erste Themen zu platzieren.

### WAS NICHT FUNKTIONIERT

Wenn Sie nun planen, demnächst einen E-Mail-Newsletter einzurichten und die Anmeldung dazu auf Ihrer Website platzieren, werden Sie schnell enttäuscht werden. Gerade in der heutigen Zeit, in der sehr viele Unternehmer, Coaches, Trainer, Berater und andere Dienstleister einen Newsletter anbieten und in der wir täglich von E-Mails nur so überflutet werden, ist es wenig attraktiv, einen weiteren Newsletter zu erhalten, um ›auf dem Laufenden zu bleiben‹. Keiner Ihrer Zielkunden möchte ›auf dem Laufenden‹ bleiben, aber alle Ihrer Zielkunden wollen ihre Herausforderung lösen. Daher dürfen Sie ein bisschen mehr bieten als Updates über Ihr Coaching-Business, um E-Mail-Marketing erfolgreich zu betreiben.

Kein E-Mail-Marketing betreiben sollten Sie wirklich nur in einem einzigen Fall: Wenn Sie fortgeschrittener Coach sind und sich als High Performance/Price Coach positionieren und nur noch mit Vorständen, Geschäftsführern und Top-Führungskräften arbeiten wollen. Dann ist Ihr Haupt-Akquise-Kanal das Netzwerken.

## VORAUSSETZUNGEN DES E-MAIL-MARKETINGS: E-MAIL-SYSTEM, LEAD MAGNET UND AUTORESPONDER

### PROFESSIONELLES E-MAIL-MARKETING-SYSTEM

Wenn es um E-Mail-Marketing geht, sollten Sie vom Start weg mit einem professionellen Tool arbeiten. Das System muss leistungsfähig sein, denn es geht hier um nicht weniger als die Liste Ihrer Zielkunden, also die Menschen, denen Sie Ihr Coaching verkaufen wollen. Diese Liste ist einer der zentralen Erfolgsfaktoren in Ihrem Business. Zudem sammeln Sie in dieser Liste Daten über Ihre Zielkunden und wollen dies mit der größten Rücksichtnahme auf den Schutz dieser Daten tun. An dieser Stelle ist es daher sehr wichtig, ein professionelles System auszuwählen. Ein kostenloses System, bzw. die kostenlosen Varianten einiger Anbieter reichen an der Stelle nicht mehr aus. Gerade auch im Hinblick auf die Datenschutzgrundverordnung rate ich Ihnen zu einem System aus Deutschland.

Mein favorisiertes System ist Klick-Tipp. Ähnliche Funktionalitäten haben bisher vor allem amerikanische Systeme, die, was den Datenschutz angeht, jedoch weniger strengen Regeln unterliegen. Weitere leistungsfähige Systeme sind beispielsweise CleverReach® und MailChimp (jeweils in der bezahlten Version), GetResponse oder ActiveCampaign, wobei letzteres ein amerikanisches System ist. Eine vollständige Liste mit empfehlenswerten Technik-Ressourcen, können Sie unter diesem Link herunterladen (coaching-business-mastery.de/buchdownloads). Über die genannten Beispiele hinaus gibt es unzählige E-Mail-Marketing-Systeme, die jedoch oftmals sehr komplex sind und über das E-Mail-Marketing hinaus weitere Funktionen – wie beispielsweise ein Customer Relationship System – beinhalten oder nur schwierig mit anderen Online-Tools verknüpfbar sind.

Um das E-Mail-Marketing-System mit Ihrem Eintragungsformular auf Ihrer Website oder einer separaten Landingpage zu verbinden, muss das E-Mail-Marketing-System selbstverständlich mit Ihrer Website oder Ihrer Landingpage interagieren können. Das System, das Sie auswählen, sollte zudem die Funktion haben, automatisch E-Mails abzusenden. Diese Funktion nennt man ›Autoresponder-Funktion‹ (s. u.). Ihr Ziel ist es, nach der Lieferung Ihres Lead Magnets eine automatisierte E-Mail-Kampagne zu versenden, die das Vertrauen zu Ihrem neuen Abonnenten aufbaut und ihm oder ihr am Ende ein Erstgespräch anbietet.

Für den Start können Sie selbstverständlich auch erst mal manuell E-Mails mit Inspirationen, Tipps und Tricks an Ihre Abonnenten versenden. Das kostet allerdings einiges an Mühe und Zeit, denn es gilt dann mindestens jede Woche neuen Content zu erstellen und zu versenden. Mit einem Autoresponder geht es zielgerichteter und zeitsparender. Zudem vermitteln Sie vom Start weg einen professionellen Eindruck.

### MINDSET-MOMENT: KOSTENLOSE E-MAIL-MARKETING-SYSTEME

Aller Anfang ist schwer und natürlich achtet jeder Gründer und jeder Coach, der noch nicht genügend Kunden hat, darauf, nicht zu viel ins Business zu investieren. Da ist es für viele Coaches ein Segen, dass es einige E-Mail-Marketing-Systeme auch in einer kostenlosen Version gibt. Ich kenne jedoch kein System, das auch in der kostenlosen Version die Funktionen bietet, die Sie brauchen und dazu noch einen professionellen Eindruck hinterlässt. Entweder Sie haben eingeschränkte Leistungsfähigkeit (beispielsweise keinen Versand von automatisierten E-Mails und Autorespondern) oder Sie versenden regelmäßig kostenlose Werbung des Systems an Ihre Abonnenten als Gegenleistung für die kostenlose Nutzung.

Machen Sie sich klar, dass Sie ein profitables Business aufbauen wollen. Dazu bedarf es einiger Investments, die im Online-Marketing glücklicherweise nicht groß sind. Überlegen Sie, was es Sie kosten würde, wenn Sie nur 200 oder 300 Ihrer Zielkunden jedes Mal per Brief anschreiben müssten.

#### WAS IST EIN AUTORESPONDER?

Eine Autoresponder-Serie ist eine bestimmte Anzahl an vorgefertigten E-Mails, die Sie über einen bestimmten Zeitraum an Ihre Abonnenten schicken, um ein bestimmtes Ziel zu erreichen. Dabei schreiben Sie diese Serie nur einmal und automatisieren den Versand im Anschluss.

Ziel einer solchen Serie ist es, Ihre Zielkunden zu einer bestimmten Aktion zu bewegen – in diesem Fall zur Vereinbarung eines Erstgesprächs. Es geht darum, Ihren Zielkunden einen Mehrwert zu bieten und das Vertrauen zu Ihnen so aufzubauen, dass sie am Ende die gewünschte Handlung ausführen. Mit einer Autoresponder-Serie bauen Sie den ›Kennen-Mögen-Vertrauen-Faktor‹ auf.

In Ihrer allerersten E-Mail dieser Autoresponder-Serie liefern Sie den Lead Magnet aus. Somit ist die Zielsetzung dieser ersten E-Mail, Ihrem Abonnenten das ›Konsumieren Ihres Lead Magnets‹ zu verkaufen. Er soll das, was Sie ihm als Lead Magnet anbieten tatsächlich auch lesen, anschauen oder anhören. Zudem stellen Sie sich persönlich vor und machen transparent, was Ihre Abonnentin künftig in Ihrem Newsletter-Verteiler erwartet. Das ist besonders auch im Hinblick auf die Datenschutzgrundverordnung wichtig. Trotz Datenschutzgrundverordnung ist es weiterhin möglich, Lead Magnete anzubieten, E-Mail-Adressen einzusammeln und E-Mail-Marketing zu betreiben. Wichtig ist dabei aber, dass Sie jederzeit transparent erklären, was Ihren Abonnenten erwartet. Listen Sie also auf, was die Vorteile sind, Ihre E-Mails zu erhalten und erläutern Sie, wie Ihre Abonnentin von Ihren kostenlosen Inspirationen, Tipps und Tricks,

Videos usw. profitieren kann. Informieren Sie Ihren Abonnenten darüber, dass er ab und an auch E-Mails mit einem Angebot erhalten wird. Wenn er das weiß, wird er auch nicht erbost reagieren, da es von Anfang an klar war. In jeder E-Mail sollte es außerdem einen Call-to-Action geben, also eine kleine Verpflichtung für Ihre Interessentin, wie zum Beispiel auf einen Link zu klicken, etwas herunter zu laden oder auch auf Ihre E-Mail zu antworten. Somit gewöhnen Sie Ihre Abonnentin daran, dass es auch in Ihren kommenden E-Mails etwas zu tun gibt. In einer der E-Mails können Sie Ihren Abonnenten außerdem darum bitten, Ihnen in den sozialen Medien zu folgen oder beispielsweise Teil Ihrer Facebook-Gruppe, LinkedIn oder XING-Gruppe zu werden. Bauen Sie von Anfang an kleine Spannungsbögen, offene Enden und Teaser sein. Das ist wie bei einer Seifenoper: ›Fortsetzung folgt‹. Können Sie sich noch erinnern, wie Sie sich geärgert haben, dass die Lieblingsserie mal wieder an der spannendsten Stelle aufhört und Sie dann unter Umständen eine Woche warten mussten, um zu erfahren, wie es weiter geht?

In der zweiten E-Mail Ihres Autoresponders empfehle ich Ihnen, Ihre Abonnentin aufzufordern, Ihnen zurückzumailen und Ihnen von ihrer größten Herausforderung in Bezug auf Ihr Coaching-Thema zu erzählen. Wenn Sie das tun, erreichen Sie zwei Dinge gleichzeitig. Zum einen merkt Ihre Abonnentin, dass Sie wirkliches Interesse an ihr haben. Zum anderen bewirken Sie damit, dass die üblichen E-Mail-Dienste wie Gmail, Hotmail oder GMX Ihre E-Mails als wichtig einstufen, weil Ihre Abonnentin darauf geantwortet hat. Sie verringern damit also die Wahrscheinlichkeit, im Spam-Filter zu landen.

Die dritte E-Mail Ihrer Autoresponder-Serie kann dann die Einladung in Ihre XING, Facebook oder LinkedIn-Gruppe enthalten oder Sie informieren Ihren Abonnenten über weitere Tipps, Tricks oder Methoden, die ihm helfen, seine Herausforderung zu bewältigen und seinem Ziel einen Schritt näher zu kommen.

In den nachfolgenden E-Mails dürfen Sie dann konkreter werden und zum Erstgespräch einladen. Nicht alle werden sich auf diese E-Mails melden, in den meisten Fällen nur diejenigen, bei denen das Problem gerade wirklich akut ist. Aber das ist auch nicht weiter schlimm, denn Ihre Abonnenten werden weiterhin in Ihrem E-Mail-Verteiler sein und Sie können auch später nochmals das Angebot zum Erstgespräch machen. Es ist absolut in Ordnung, ein solches Angebot mehrfach zu machen. Annehmen wird Ihre Zielkundin es, sobald ihr klar ist, dass Sie möglicherweise der richtige Coach für sie sind.

Diese E-Mails haben also das Ziel, dass sich Ihre Abonnenten für ein Erstgespräch bei Ihnen bewerben. Auch wenn das Erstgespräch kostenlos ist, verkaufen Sie es dadurch. Aus diesem Grund fordern Sie in den kommenden E-Mails auch jedes Mal dazu auf, genau das zu tun. Allerdings nicht direkt mit platten ›Mach-schon‹-Botschaften, sondern mit Geschichten.

Eine erste Geschichte, die Sie erzählen können, ist die Geschichte, wie Sie selbst die Herausforderung bewältigt haben, die Ihre Zielkundin gerade hat. Möglich ist hier natürlich auch die Geschichte eines Ihrer Kunden, wie genau das erreicht wurde. Solche Erfolgsgeschichten geben Ihrem Zielkunden das Gefühl, dass er das ebenfalls schaffen kann. Mit Ihrer Hilfe. Somit wird Ihr Erstgespräch für ihn attraktiv.

Die meisten Menschen treffen ihre Entscheidungen basierend auf Emotionen, legen sich danach aber eine logische Erklärung zurecht, warum sie so entschieden haben. Deshalb ist in einer weiteren E-Mail wichtig, logische Argumente zu liefern, warum ein Erstgespräch mit Ihnen sinnvoll ist. Als logisch empfinden Menschen das, wenn Sie mehr darüber erzählen, wie vielen Menschen Sie bereits geholfen haben, warum Sie Experte sind und welche Ergebnisse Sie erzielen können. Sobald Sie in Ihren E-Mails ein Erstgespräch anbieten, sollten Sie dieses Angebot zeitlich befristen. Machen Sie klar, dass Sie nicht immer die Ressourcen haben, um kostenlose Erstgespräche zu führen, sondern dass Sie das zunächst nur Menschen anbieten, die neu in Ihrem Verteiler sind.

In der letzten E-Mail erinnern Sie dann zum letzten Mal an diese vorerst letzte Möglichkeit zum kostenlosen Erstgespräch mit Ihnen und an die dazugehörige Frist.

Nicht alle Ihrer neuen Abonnenten werden sich sofort auf das Erstgespräch bewerben, aber dennoch werden sie in Ihrem Verteiler bleiben. Nach dieser Autoresponder-Serie sollten Sie daher weitere regelmäßige E-Mails mit wertvollem Content schicken in Abständen von etwa ein bis zwei Wochen.

### LEAD MAGNET

Um Ihren E-Mail-Verteiler aufzubauen und die Adressen der Zielkunden für Ihre Marketing-Datenbank zu erhalten, ist ein sogenannter Lead Magnet (übersetzt Zielkunden-Magnet) am besten geeignet. Manche nennen ihn auch Freebie oder Geschenk, wir bleiben hier bei Lead Magnet. Es reicht – wie gesagt – nicht mehr aus, Ihren Zielkunden die Registrierung für Ihren Newsletter anzubieten, um auf dem Laufenden zu bleiben. Da wir täglich von Informationen überflutet werden, macht das heute so gut wie niemand mehr. Ausnahme sind Menschen, die Sie persönlich kennengelernt haben und beispielsweise Ihren Vortrag gut fanden. Aber das sind zu wenige, denn das würde voraussetzen, dass Sie dauernd unterwegs sind und Zielkunden kennen lernen. Mit einem Lead Magnet bieten Sie etwas Wertvolles als Gegenleistung für die E-Mail-Adresse und können damit auch sofort mit Ihren Fähigkeiten als Coach überzeugen und sich als Experte positionieren. Der Lead Magnet ist also quasi ein erstes unwiderstehliches Angebot an Ihre Zielkunden, der diesen Zielkunden einen Mehrwert bietet wie ein erstes kleines Ergebnis, eine wertvolle Information und so weiter. Im Gegenzug erhalten Sie die E-Mail-Adresse Ihrer Interessenten.

Der perfekte Lead Magnet ist relevant für Ihre Zielgruppe, hochspezifisch, kostenlos und leicht zu konsumieren. Es geht hier also nicht darum, Ihre Zielkunden mit Aufgaben, Informationen oder Inspirationen zu überfrachten, sondern sie einen ersten Mini-Schritt in Richtung ihres Ziels zu bringen, ohne sie zu überfordern. Mein bisher erfolgreichster Lead Magnet ist das von mir selbst erstellte E-Book ›10 Fehler, die verhindern, dass Sie mehr Kunden gewinnen‹ für Coaches. Auf der Landingpage, auf der ich diesen Lead Magnet anbiete, tragen sich zwischen 45 % und 65 % der Besucher ein. Die Eintragungsquote ist umso höher, je besser mich diese Zielkunden vor dem Besuch der Landingpage bereits kennen.

Wenn ich im nachfolgenden von E-Books spreche, sind damit immer selbst erstellte und nicht im Verlag veröffentlichte E-Books gemeint. E-Books, die Sie eventuell bereits mit einem Verlag veröffentlicht haben, dürfen Sie im Normalfall nicht kostenlos verteilen.

Es muss nicht immer das E-Book sein, das Sie als Lead Magnet anbieten, es darf gerne eine Checkliste oder ein Spickzettel sein. Diese sind ebenfalls einfach zu erstellen und können als PDF ausgeliefert werden. Ebenfalls funktionieren E-Mail-Serien (eine Mini-Challenge oder ein kleiner kostenloser E-Mail-Kurs), ein Schnellstart-Guide, ein Arbeitsbuch, eine Audio-Datei wie beispielsweise eine Meditation oder ein Audio-Training, ein kurzes Videotraining, ein Quiz oder Selbsttest, eine Liste mit Tools oder Übungen oder auch ein Webinar (automatisiert oder live).

MINDSET-MOMENT: LEAD MAGNET

Es gibt zwei Mythen über diesen Lead Magnet. Einige denken, sie müssten für einen guten Lead Magnet gleich ein ganzes Buch schreiben. Das ist falsch und wäre auch viel zu umfangreich. Denken Sie immer daran, dass auch Zeit ein knappes Gut ist und es Ihr Zielkunde zu schätzen weiß, wenn er sich nicht durch 200 Seiten Buch wühlen muss.

Auf der anderen Seite treffe ich immer wieder auf Lead Magnets, die es an jeglichem Wert fehlen lassen. Sie sind einfach eine Aufstellung von Informationen, ohne Zielrichtung und Zweck. Auch das funktioniert natürlich nicht; auch der Lead Magnet sollte ein erstes Problem Ihres Zielkunden lösen. Das kann erst mal Aufklärung sein. Aber nur weil der Lead Magnet kostenlos ist, heißt das nicht, dass Sie dabei etwas zusammenflicken sollten. Der Lead Magnet ist nämlich der Punkt, an dem Ihr Zielkunde ggf. das erste Mal mit Ihnen in Berührung kommt.

### LANDINGPAGE, DOUBLE-OPT-IN-PROZESS UND DATENSCHUTZ

Damit Sie Ihren Lead Magnet anbieten und Ihre Zielkunden sich in Ihren E-Mail-Verteiler eintragen können, brauchen Sie neben dem E-Mail-Marketing-System sogenannte Landingpages. Im Unterschied zu einer Website hat eine Landingpage immer nur ein einziges Ziel. In diesem Fall ist es die Eintragung in Ihren E-Mail-Verteiler. Die einzige Alternative wäre, die Seite zu verlassen. Es gibt auf einer Landingpage keine weiteren Ablenkungen oder Möglichkeiten zum Link-Klick mit Ausnahme von den Links zu Datenschutz und Impressum. Datenschutz und Impressum auch auf Ihren Landingpages anzugeben ist rechtlich vorgeschrieben. Sie brauchen also für Ihren Lead Magnet eine Landingpage mit dem Ziel Eintragungen zu genieren. Eine solche Seite wird auch Opt-In-Page genannt. Es gibt verschiedene Möglichkeiten solche Landingpages zu erstellen. Ich empfehle Ihnen, mit Leadpages oder mit Thrive Architect zu arbeiten.

Parallel zur Weiterleitung auf diese Landingpage, erhalten Ihre Interessenten eine E-Mail von Ihrem E-Mail-Marketing-Provider, in der sie per Klick auf einen Link nochmals bestätigen müssen, dass sie diese Informationen von Ihnen auch wirklich haben wollen. Diese Aktion kann naturgemäß nur derjenige ausführen, der die E-Mails an eine E-Mail-Adresse auch wirklich erhält und Missbrauch ist vorgebeugt. Ansonsten würden Sie täglich mit E-Mails nur so bombardiert, weil viele unsaubere Marketer ganz einfach jede E-Mail-Adresse in ihren eigenen Verteiler eintragen würden. Zugegeben: Das tun solche Betrüger teilweise trotzdem. Mit dem Double-Opt-In Prozess zeigen Sie aber, dass Sie ein vertrauenswürdiger Anbieter sind und entsprechen den Vorgaben der Datenschutzgrundverordnung handeln.

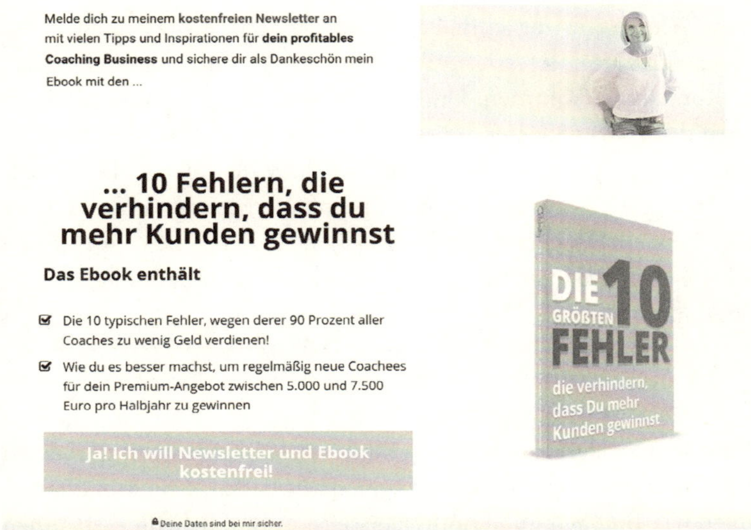


Landingpage mit Angebot des kostenlosen E-Books

### MINDSET-MOMENT: WARUM SIE KEINE ANGST VOR DER TECHNIK HABEN SOLLTEN

Viele Coaches sind von ihrem Persönlichkeitsprofil her wenig technikaffin, dafür sehr auf die Menschen konzentriert. Und das ist hervorragend. Stellen Sie sich die Technik als Medium vor, wie Sie mit den Menschen in Kontakt kommen, mit denen Sie persönlich, empathisch und mitfühlend zusammenarbeiten wollen. Nur das allein ist sie. Nicht mehr und nicht weniger.

Bevor ich mein Coaching-Business startete, habe ich noch nie eine Website ›von innen‹ gesehen. Ich hatte ein Profil auf XING und eines auf Facebook, in das ich ab und zu mal rein schaute. Ich hatte keinerlei IT- oder Programmier-Kenntnisse und es geht mir heute noch so, dass ich Ihnen nicht sagen kann, welche Features in meinem Telefon-Vertrag enthalten sind. Das interessiert mich nicht. Was mich aber interessiert, sind Wege, um mit meinen Zielkunden in Kontakt zu kommen. Und das bestenfalls noch, ohne dass ich dazu das Haus verlassen müsste. Was uns die Online-Welt heutzutage ermöglicht, ist einfach unglaublich. Sehen Sie es als Herausforderung, sich mit der Technik auseinanderzusetzen und seien Sie vor allem ein bisschen geduldig. Machen Sie sich klar: Wenn Sie den schwierigen Weg gehen, können Sie sicher sein, dass dieser nicht überlaufen ist.

### DER WEG IHRES ZIELKUNDEN ZU IHNEN

Nachdem Sie den Nutzen des E-Mail-Marketings kennen und einen Überblick über die Voraussetzungen dafür haben, folgt nun ein Beispiel, wie Ihr Zielkunde optimalerweise in drei Schritten zu Ihnen findet.

#### TEIL 1

Ihr Zielkunde trägt sich für Ihren kostenfreien Lead Magnet entweder über ein Formular auf Ihrer Website oder über eine separate Landingpage (auch Opt-In-Page genannt) ein.

Formular auf der Website.

Landingpage mit Eintragungsformular vor dem Klick.

Landingpage mit Eintragungsformular nach dem Klick.

Es erfolgt eine Weiterleitung auf eine Landingpage. Anschließend soll er oder sie im E-Mail-Postfach nach der Double-Opt-In-E-Mail schauen, um die Eintragung der eigenen Adresse zu bestätigen. In Deutschland ist nämlich – wie bereits erläutert – der sogenannte Double-Opt-In-Prozess rechtlich zwingend vorgeschrieben, um zu vermeiden, dass jemand in der Lage ist, Ihre E-Mail-Adresse einfach ungefragt in irgendwelche Formulare einzutragen.

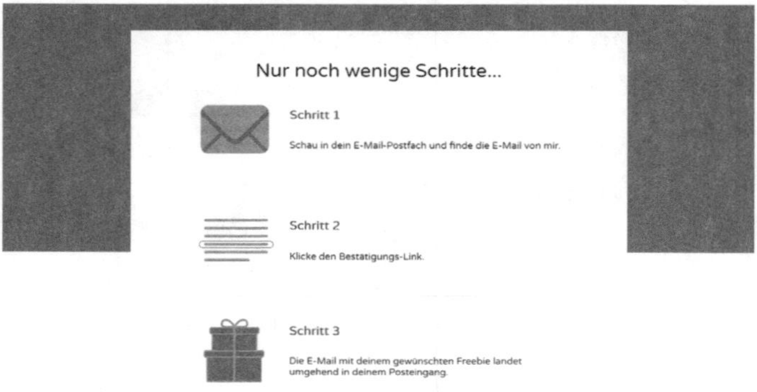


Zwischenseite mit Erläuterung, was als nächstes passiert.

TEIL 2

Wenn der Link in dieser E-Mail nun bestätigt wurde, erhält Ihr neuer Abonnent wiederum per E-Mail den versprochenen Lead Magnet. Parallel dazu wird er von der Zwischenseite auf eine sogenannte Danke-Seite weitergeleitet. Dort bedanken Sie sich für die Eintragung in Ihren E-Mail-Verteiler.

Danke-Seite mit Einladung zu einer Facebook-Gruppe.

Diese Danke-Seite können Sie darüber hinaus dazu nutzen, auf weitere Inhalte aufmerksam zu machen oder Ihre Zielkunden beispielsweise in eine Facebook, XING- oder LinkedIn-Gruppe einzuladen. Somit haben Sie Ihre Zielkunden auch in den sozialen Medien ›gesammelt‹ und eine zusätzliche Möglichkeit, mit ihnen in Kontakt zu treten.

TEIL 3

Nachdem Ihr Zielkunde nun den Anmeldeprozess erfolgreich abgeschlossen und somit zugestimmt hat, dass Sie ihm E-Mails senden dürfen, ist die erste E-Mail, die er oder sie erhält, die E-Mail mit Ihrem Lead Magnet. Ja nach Nische senden Sie den nachfolgenden Autoresponder – also die vorgefertigten weiteren E-Mails zum Vertrauensaufbau wie bereits erläutert – dann im ein- oder zweitägigen Rhythmus.

Am Ende Ihrer Autoresponder-Serie fordern Sie Ihren Zielkunden auf, mit Ihnen in Kontakt zu treten und ein Erstgespräch – attraktiv benannt – zu vereinbaren. Das werden nicht alle Ihre Abonnenten sofort tun, aber Sie haben mit dem Autoresponder einen professionellen ersten Eindruck hinterlassen und einen weiteren Abonnenten in Ihrer Liste, der sich für Ihr Thema interessiert und somit jederzeit die Möglichkeit, diesen Interessenten zu weiteren Maßnahmen einzuladen, um weiteres Vertrauen aufzubauen und Ihr Coaching anzubieten. Vertrauen bauen Sie über Ihren regelmäßigen Content auf, den Sie nach der Anmeldung in regelmäßigen Abständen versenden.

SHOWCASE BIANKA MARIA SEIDL

Nachdem sie bereits einige Zeit ihren E-Mail-Verteiler und das Vertrauen zu ihren Abonnenten über regelmäßige Blog-Beiträge aufgebaut hatte, sendete Architektin und Life Coach Bianka Maria Seidl eine E-Mail an ihre Abonnenten mit dem Angebot eines kostenfreien Erstgesprächs mit dem Titel ›Veränderung leicht gemacht‹. Zwei Mal meldeten sich jeweils zehn Interessenten und nach den Erstgesprächen hat sie vier neue Kunden für ihr ›180-Tage-Berufung-finden-Erfolgspaket‹ für 4.970 Euro gewonnen. Bianka Maria Seidl führt ihre Kundinnen über ihre eigenen Wurzeln zu ihrer wahren Kraft (biankaseidl.de/ und ahnenfrieden.eu [31.10.2019]).

## WEBINARE

Webinare sind ein sehr beliebter und effektiver Weg, um Erstgespräche zu gewinnen. Sie funktionieren inhaltlich ähnlich wie ein Vortrag. Anders als bei einem Vortrag sind Sie bei einem Webinar jedoch nicht auf die Teilnehmer des Netzwerks begrenzt, sondern können dafür sorgen, dass so viele Menschen wie möglich aus Ihrer Zielgruppe Ihr Webinar besuchen. Dieser Vorteil ist zeitgleich auch der Nachteil eines Webinars, denn statt des Netzwerk-Veranstalters dürfen Sie selbst dafür sorgen, dass Sie möglichst viele Teilnehmer gewinnen.

Genau wie Vorträge sorgen auch Webinare für Ihren Expertenstatus. Auch in einem Webinar bilden Sie den ›Kennen-Mögen-Vertrauen-Faktor‹. Die Webinar-Teilnehmer schenken Ihnen ihre Zeit und das meist bis zu 60 Minuten. Sie haben in einem Webinar also 60 oder mehr Minuten Zeit das Vertrauen zu Ihren Zielkunden aufzubauen.

Die Eintrittsbarriere für Ihre Zielkunden ist bei einem Webinar sehr niedrig. Es wird für Ihre Zielkunden also sehr leicht, Sie einfach mal ›auszutesten‹ und sich anzuhören, was Sie zu sagen haben. Zudem können Sie ein Webinar aufzeichnen und die Aufzeichnung verbreiten oder automatisieren. Bei einem Webinar sollte es Ihr Ziel sein, möglichst viele Teilnehmer dafür zu gewinnen. Anders als bei einem Vortrag, werden Ihre Teilnehmer Ihnen oftmals nicht ihre gesamte Aufmerksamkeit schenken, sondern gegebenenfalls nebenbei noch weitere Tätigkeiten erledigen. Zudem werden sich Menschen für Ihr Webinar einschreiben und dann doch nicht live dabei sein. Eine Teilnehmerquote von 50 % ist bereits ein hervorragender Wert.

Trotz dieser Herausforderungen sind Webinare ein exzellenter Weg, um mit Ihren Zielkunden ins Gespräch zu kommen. Ausschlaggebend ist auch hier wieder ein starker Titel, denn Teilnehmer für Ihr Webinar gewinnen Sie nur, wenn Sie klarstellen, warum Ihre Zielkunden unbedingt dabei sein müssen. Was ist also für sie drin? Unter coaching-business-mastery.de/buchdownloads können Sie die Liste mit Vortragstiteln herunterladen.

### ANMELDUNG ZUM WEBINAR

Um Teilnehmer für Ihr Webinar zu gewinnen haben Sie verschiedene Möglichkeiten. Zunächst einmal dürfen Sie jedoch dafür sorgen, dass sich Ihre Interessenten für das Webinar anmelden können.

Dazu benötigen Sie eine Webinar-Anmelde-Seite. Ähnlich wie die Opt-In-Page für Ihren Lead Magnet ist auch diese Anmelde-Seite eine Landingpage.

Beispiel einer Webinar-Anmeldeseite

Um möglichst viele Anmeldungen zu generieren, erklären Sie auf dieser Seite kurz und knackig, warum es sich lohnt bei Ihrem Webinar dabei zu sein. Am besten funktioniert dies über einen starken Titel und drei aufgelistete Vorteile. Meldet sich eine Interessentin für Ihr Webinar an, erhält sie die Zugangsdaten für Ihr Webinar. Dazu haben Sie Ihr Webinar-Tool mit Ihrem E-Mail-Marketing-System verbunden. Leistungsfähige Webinar-Tools sind beispielsweise Zoom, GoToWebinar oder edudip. Eine Liste der in diesem Buch empfohlenen Technik-Tools können Sie unter coaching-business-mastery.de/buchdownloads herunterladen. Idealerweise erinnern Sie sie per E-Mail vor dem Webinar noch ein- oder zweimal an den Termin, um sicherzustellen, dass sie auch wirklich teilnimmt.

### METHODEN, UM TEILNEHMER ZU GEWINNEN

Um Teilnehmer für Ihr Webinar zu gewinnen, haben Sie verschiedene Möglichkeiten.

KOOPERATIONSPARTNER: Für den Start ist die einfachste und cleverste Möglichkeit, sich einen Kooperationspartner zu suchen. Welcher Community könnten Sie also Ihren Vortrag via Webinar anbieten? Vielleicht wollten Sie schon immer mal mit einem Unternehmer-Netzwerk zusammenarbeiten, das sich aber weit von Ihnen entfernt trifft? Vielleicht bieten Sie einer Krankenkasse an, ein Webinar für deren Kunden zu einem konkreten Thema zu halten? Vielleicht arbeiten Sie hauptsächlich mit Frauen über 45 und haben auf Facebook eine Gruppe dazu gefunden und kontaktieren die Administratorin der Gruppe? Auch hier können Sie die Liste der Netzwerke in Deutschland zu Rate ziehen (Sie können sie herunterladen unter coaching-business-mastery.de/buchdownloads).

SOCIAL MEDIA: Selbstverständlich können Sie die Information zu Ihrem Webinar auf all Ihren Social-Media-Profilen verbreiten. Vielleicht sind Sie bereits in der ein oder anderen XING- oder Facebook-Gruppe aktiv und können dort für Ihr Webinar werben? Oder Sie haben einige Instagram-Follower, die Sie darüber informieren? Oder Sie laden Ihre LinkedIn und XING-Kontakte persönlich dazu ein?

ANZEIGENSCHALTUNG: Um Teilnehmer für Ihr Webinar zu gewinnen, können Sie zudem auf den unterschiedlichsten Social-Media-Plattformen wie XING, Facebook, Pinterest oder YouTube Werbeanzeigen schalten. Ausführlich auf das Thema Anzeigenschaltung in den sozialen Medien einzugehen, würde den Rahmen dieses Buches sprengen.

Um niedrige Anzeigenpreise zu erzielen und sicherzustellen, dass Sie die für Sie richtige Zielgruppe finden, sollten Sie sich vor der Anzeigenschaltung eingehend informieren oder mit einem spezialisierten Dienstleister zusammenarbeiten. Ansonsten ist die Gefahr groß, jede Menge Geld zu verbrennen. Generell rate ich Ihnen erst mit Anzeigenschaltung zu starten, wenn Sie Ihr Webinar getestet haben und wissen, dass Sie damit in der Lage sind, Erstgespräche zu generieren und daraus auch Kunden zu gewinnen. Bemühen Sie sich, für Ihr erstes Webinar auch ohne Anzeigenschaltung viele Teilnehmer zu gewinnen. Sie werden erstaunt sein, wie kreativ Sie sind, wenn Sie nicht von vorne herein ein Werbebudget einsetzen.

## SOCIAL MEDIA

Millionen von Menschen tummeln sich in den sozialen Medien. Ein Siebtel der Weltbevölkerung um genau zu sein. Es ist also ziemlich sicher, dass sich auch Ihre Zielkunden – also Menschen, die gerne von Ihnen kaufen wollen – in den sozialen Netzen aufhalten. Vielleicht sogar mehrmals am Tag. Der beste Grund jedoch, sich als Coach in den sozialen Medien zu tummeln ist, dass es ein weitgehend kostengünstiger Weg ist, um raus zu gehen und Beziehungen mit potenziellen Kunden aufzubauen! Noch dazu können Sie in den sozialen Medien genau aussuchen, mit wem Sie sich verbinden. Die sozialen Medien bieten eine großartige Möglichkeit für Sie, *sich* zu zeigen. Sie helfen Ihren Kunden zu verstehen, wer sich hinter Ihrem Coaching verbirgt, für was Ihr Coaching-Business steht, für was Sie stehen und welche Persönlichkeit Sie haben.

Die größte Schwierigkeit in den sozialen Medien ist zunächst zu überprüfen, wo Sie Ihre Zielkunden auch wirklich antreffen können. Es gibt die unterschiedlichsten Social-Media-Seiten im Web. Zum einen die ganz großen sozialen Netzwerke wie Facebook, Twitter, LinkedIn oder Xing. Dann die Seiten für das Teilen von Videos oder Fotos wie YouTube, Instagram oder Pinterest. Es gibt noch zahlreiche weitere Social-Media-Seiten, die bestimmte Nischen bedienen oder auf eine sehr junge Zielgruppe abzielen. Diese lassen wir im Rahmen dieses Buches außen vor. Nachfolgend stelle ich Ihnen die für Sie als Coach wichtigsten Social-Media-Kanäle vor. Die Zielsetzung für Sie ist, sich einen oder maximal zwei Kanäle auszusuchen, sich dort anzumelden (sofern Sie noch nicht Mitglied sind) und dort eine Community Ihrer Zielkunden aufzubauen. Social-Media-Kanäle, die keine Relevanz für Sie als Coach haben, lassen wir außen vor.

MINDSET-MOMENT: VIEL HILFT VIEL?

Als ich mein Coaching-Business gestartet habe, machte ich den Fehler, den viele machen, wenn sie loslegen: Ich habe mich auf allen bekannten Social-Media-Plattformen angemeldet und überall meine Botschaften gestreut und zu Webinaren eingeladen, Lead Magnets angeboten und so weiter. Schnell kam ich dadurch jedoch an meine Grenzen, denn das Betreuen der Social-Media-Plattformen kostet Zeit. Meine Empfehlung an Sie ist, sich daher nur ein oder zwei Plattformen auszusuchen und dort nicht nur zu starten, sondern alles über diese Plattformen zu lernen, was Sie lernen können. Die meisten sozialen Netzwerke haben gerade für Unternehmer Funktionen und Möglichkeiten, die sich Ihnen erst erschließen, wenn Sie mit einer professionellen Zielsetzung heran gehen. Informieren Sie sich vorab also eingehend, welche Plattform für Sie die richtige ist und gehen Sie dann mit einem professionellen Ansatz heran.

FACEBOOK

Facebook ist der mit Abstand größte Player auf dem Markt. Auf Facebook gibt es aktuell über 1,6 Milliarden aktive Nutzer (allfacebook.de/toll/state-of-facebook [31.10.2019]). ›Aktiv‹ heißt dabei, dass sich diese Menschen mindestens einmal am Tag auf Facebook einloggen. In Deutschland sind es über 32 Millionen Nutzer, die sich mindestens einmal im Monat einloggen (allfacebook.de/zahlen_fakten/offiziell-facebook-nutzerzahlen-deutschland [31.10.2019]); 23 Millionen davon tun das sogar jeden Tag. Eine riesige Zahl von Menschen also, die vielleicht gerade auf der Suche nach einem Produkt oder einer Dienstleistung sind, die genau Sie anbieten!

Wenn Sie Facebook für Ihr Coaching-Business und die Kundengewinnung nutzen wollen ist es wichtig zu wissen, welche unterschiedlichen Profil-Typen es gibt: Das persönliche Profil für Privatpersonen, die Facebook-Seiten für kommerzielle Anbieter, sowie Facebook-Gruppen für Gruppen von Menschen mit gleichen Interessen oder Hobbys.

Private Profile können pro Person nur einmal angelegt werden. Natürlich kann das niemand überprüfen, dennoch ist das gegen die Geschäftsbedingungen von Facebook und macht auch nicht wirklich Sinn. Ihr Profil ist also Ihre Ausgangslage bei Facebook. Über das Profil befreunden Sie sich mit weiteren Facebook-Nutzern. Das private Profil nutzen Sie vor allem, um private Freundschaften zu pflegen. Es spricht natürlich nichts dagegen, wenn Sie sich beim Start auf Facebook auch mit möglichen Zielkunden ›befreunden‹. Professioneller wirkt es jedoch über Ihre Facebook-Seite, denn vielleicht möchten Sie nicht alles, was Sie privat posten auch mit Ihren Zielkunden teilen.

Facebook-Seiten für kommerzielle Anbieter sind für Unternehmen, Marken, Prominente oder Vereine gedacht, die mit ihren Kunden oder Fans kommunizieren wollen. Das ist also genau das Richtige für Sie. Diese Seiten erkennen Sie daran, dass Sie sie ›Liken‹ können und somit ihren Inhalten folgen.

Wichtig: Auch wenn Sie bereits ein persönliches Profil auf Facebook haben, sollten Sie sich eine Seite für Ihr Business anlegen. Persönliche Profile können nämlich maximal 5.000 Freunde haben, während die Anzahl der Fans Ihrer Seite unbegrenzt ist. Auch für das Schalten von Anzeigen auf Facebook ist eine Seite Voraussetzung.

Facebook-Gruppen sind für Gruppen von Menschen mit gleichen Interessen oder Hobbys. Je nach Gruppen-Art müssen Sie beitreten und der Administrator muss der Beitrittsanfrage zustimmen, bzw. dazu einladen.

Da Facebook die organische Reichweite von Facebook-Seiten mehr und mehr begrenzt, haben sich die Gruppen zu einer hervorragenden Ergänzung entwickelt. Überlegen Sie sich daher, ob Sie zusätzlich eine Facebook-Gruppe einrichten und Ihre Zielkunden beispielsweise nach der Registrierung zu Ihrem Newsletter anbieten, dort beizutreten. Dann haben Sie eine zusätzliche Möglichkeit geschaffen, mit diesen Zielkunden zu kommunizieren und vernetzen Ihre Zielkunden zudem untereinander.

### BERUFLICHE NETZWERKE WIE LINKEDIN ODER XING

LinkedIn ist ein großes Netzwerk zum beruflichen Netzwerken mit mittlerweile über 610 Millionen Mitgliedern, über 13 Millionen davon im deutschsprachigen Raum (presseportal.de/pm/64022/4186508 [31.10.2019]). Die deutsche Entsprechung dazu ist XING, ein Netzwerk mit 16 Millionen Mitgliedern aus Deutschland, Österreich und der Schweiz (equitystory.com/download/companies/openbc/factsheet_1600_German.pdf [31.10.2019]). Anders als in privaten Netzwerken, treffen Sie dort auf Menschen, die bereits erwarten, dass Sie beruflich mit ihnen in Kontakt treten.

LinkedIn verzeichnet seit einigen Jahren einen enormen Zuwachs aus Deutschland, Österreich und der Schweiz und bietet im Vergleich zu XING viele Möglichkeiten zur Interaktion, sowie zum Aufbau des eigenen Expertenstatus, beispielsweise durch regelmäßige Status-Updates und die Möglichkeit zum Einstellen von eigenen

Artikeln inklusive Fotos und Videos. Dort können Sie beispielsweise auf Ihren neuesten Blog-Beitrag aufmerksam machen, aber anstatt ihn dort vollständig einzusetzen, verlinken Sie auf Ihre Website und generieren damit Besucher dafür. Zudem plant LinkedIn auch im deutschsprachigen Raum in Kürze mit Live-Videos zu starten, die eine große Reichweite versprechen.

In den beruflichen Netzwerken ist ein ansprechendes Profil besonders wichtig. Über das Profil ziehen Sie Ihre perfekten Zielkunden organisch an, also ohne Anzeigenschaltung, wenn Sie alles richtig machen. Ihr Profil zeigt Ihren Expertenstatus und Ihre Professionalität, macht Sie glaubwürdig und baut Vertrauen auf. Es ist der Startpunkt für den Aufbau von Beziehungen zu Ihren Zielkunden und gibt Ihnen die Möglichkeit aus der Masse Ihrer Wettbewerber hervorzustechen. In Ihrem Profil beschreiben Sie daher, wie Sie das dringendste Problem Ihrer Zielkunden lösen. Ihre Zielkunden wollen nämlich auf einen Blick in Ihrem Profil erkennen, wem Sie genau helfen, welches Problem Sie lösen und wem Sie bereits bei der Lösung des Problems geholfen haben.

Berufliche Netzwerke bieten zudem die Möglichkeit von Bewertungen und Weiterempfehlungen. Nutzen Sie diese und fragen Sie Ihre Zielkunden oder Kunden danach, Ihnen eine solche Empfehlung auf einem dieser Netzwerke zu geben. Sowohl LinkedIn wie auch XING Profile werden zudem gerne von Google gefunden und ermöglichen Ihnen die Suche nach Menschen auf bestimmten Positionen, bei bestimmten Firmen oder mit bestimmten Berufsbezeichnungen, denen Sie im Anschluss eine direkte Kontaktanfrage senden können.

### INSTAGRAM UND PINTEREST

Instagram und Pinterest legen den Fokus auf das Teilen von Fotos und Videos. Lange Zeit haben sich daher vor allem Coaches hier engagiert, die auf Grund Ihrer Nische auf viele schöne Bilder zurückgreifen konnten, wie Ernährungs-, Fitness- oder Style-Coaches.

Doch auch für Life und Business-Coaches sind beide Plattformen eine gute Möglichkeit, eine Verbindung zu Ihren Zielkunden aufzubauen, sofern Sie bereit sind, Ihre Persönlichkeit dort zu zeigen und in der Lage sind, ›in Geschichten zu denken‹. Eine Besonderheit auf Instagram sind die beliebten Instagram-Stories, kurze Videos, deren Inhalte nach 24 Stunden wieder verschwinden.

Pinterest wird mittlerweile oftmals bereits als ›Kaufberatungs-Plattform‹ zu Rate gezogen, denn mit den sogenannten ›Produkt Rich Pins‹ können Unternehmen dort nicht nur Bilder von Produkten zeigen, sondern auch gleich die Infos dazu, wo es das Produkt zu kaufen gibt, was es kostet und ob es verfügbar ist. Zudem wird Pinterest wie eine Suchmaschine genutzt. Für Coaches wichtig sind hier die ›Artikel Rich Pins‹: Mit diesen können sich Nutzer Artikel merken, die für sie von Bedeutung sind. Jeder ›Artikel Rich Pin‹ zeigt eine Überschrift, den Autor und eine Beschreibung der Story. So werden insbesondere Ratgeber-Artikel gerne mit andern Pinterest-Nutzern geteilt, was die Reichweite für den Autor vergrößert.

### TWITTER

Twitter eignet sich zwar nur bedingt zum Aufbau einer Verbindung zu Ihren Zielkunden, ist aber durchaus wertvoll, wenn es Ihr Ziel ist, Kontakte zu Journalisten zu knüpfen, um Ihre Medienpräsenz zu steigern. Viele Journalisten sind auf Twitter und tweeten dort über ihre aktuellen Themen. Eine gute Gelegenheit direkt mit ihnen in Kontakt zu treten und Themenvorschläge zu machen. Eine Besonderheit von Twitter, um ein Thema anzusprechen, ist der Hashtag: #. Die beliebtesten Themen werden in den Twitter Trends angezeigt. Das könnte beispielsweise #Coaching, #WorkLifeBalance oder auch #FIFAWM2022 sein. Wenn Sie zu diesem Thema unter Verwendung des Hashtags twittern, können Sie gewiss sein, dass Ihr Tweet von vielen Fußball-Fans gelesen wird. Natürlich ist es nicht ratsam, die Hashtags wahllos an Ihren Tweet anzuhängen, nur um viele Menschen zu erreichen. Auch hier müssen Sie sich wieder die Frage stellen, was Ihre Zielkunden bewegt und interessiert; nur dann erzielen Sie auch die gewünschte Aufmerksamkeit.

### WIE WÄHLEN SIE DIE RICHTIGEN NETZWERKE FÜR SICH AUS?

Bei der Vielzahl an sozialen Netzwerken ist es gar nicht so einfach zu entscheiden, welches das richtige für Sie ist. Viele Coaches tendieren dazu einfach zwischen beruflichen Netzwerken wie XING und LinkedIn und privaten Plattformen wie Facebook, Instagram und Pinterest zu unterscheiden und pauschal zu entscheiden, dass private Netzwerke außen vor gelassen werden. Während eine solche Pauschalierung für Business-Coaches Sinn machen kann, wäre sie für Life-Coaches, Karriere-Coaches, Ernährungs-, Fitness-, Gesundheits-, Finanz- und Style-Coaches eine vertane Chance. Und auch Business-Coaches, die auf Gründer und kleine Unternehmen abzielen, finden in den privaten sozialen Medien ihre Zielgruppe. Um also herauszufinden, welche sozialen Medien für Sie passen, heißt es herausfinden, wo sich Ihre Zielkunden online aufhalten. In welchen Netzwerken tummeln sie sich?

### MINDSET-MOMENT: MEINE ZIELGRUPPE IST NICHT IN DEN SOZIALEN MEDIEN

Sie glauben, Ihre Zielkunden sind nicht in den sozialen Medien? Wo mehr als jeder Dritte Deutsche ein Facebook-Konto hat? Machen Sie sich nichts vor! Die sozialen Medien sind weiterhin auf dem Vormarsch! Selbst wenn Sie sich als High Price Coach positionieren und nur noch mit Vorständen, Geschäftsführern, Top-Führungskräften und vermögenden Privatpersonen coachen wollen. Dann ist für Sie beispielsweise LinkedIn eine großartige Möglichkeit zur Kundenakquise, wobei Sie private Netzwerke wie Facebook außen vor lassen würden.

### WIE SIE HERAUSFINDEN, WO IHRE ZIELGRUPPE IST

Eine Möglichkeit um herauszufinden, wo sich Ihre Zielkunden in den sozialen Netzwerken aufhalten, ist die Installation von Google Analytics auf Ihrer Website. Dort können Sie verfolgen, wo die Menschen herkommen, die auf Ihre Website klicken und ob sie auf Ihre Website über Links in sozialen Medien kommen. Das setzt natürlich voraus, dass Sie bereits in den sozialen Medien aktiv sind. Google Analytics sollten Sie sich auf jeden Fall installieren (der Dienst ist kostenfrei), damit Sie von Anfang an nachverfolgen können, von welchen sozialen Netzwerken die meisten Besucher kommen und wie Sie Ihre Aktivitäten in den sozialen Medien somit effizienter gestalten können. Achten Sie jedoch darauf, das Tool datenschutzkonform zu installieren. Eine Anleitung und Hinweise darauf, was es dabei alles zu beachten gilt, finden Sie unter datenschutzbeauftragter-info.de/fachbeitraege/google-analytics-datenschutzkonform-einsetzen/ [31.10.2019].

Eine weitere Möglichkeit, um herauszufinden in welchen Netzwerken Ihre Zielkunden aktiv sind, ist sich Ihre Konkurrenz anzuschauen. Wo engagieren sich Ihre Wettbewerber? Haben Ihre Wettbewerber eine Facebook-Seite, betreiben sie eine XING Gruppe oder sind auf Instagram oder alles zusammen? Gibt es dort viel Aktivität? Sprechen die Menschen über Ihre Wettbewerber? Und auch wenn Ihre Konkurrenz noch gar nicht in den sozialen Medien ist (was nahezu undenkbar ist) – denken Sie darüber nach, ob Sie sich darüber als Vorreiter etablieren und sich so von Ihrer Konkurrenz abheben!

Fragen Sie zudem auch einige Ihrer bereits bestehenden Kunden oder Ihrer potenziellen Zielkunden, wo sie sich in den sozialen Netzen aufhalten. Ziel ist es – wie bereits erwähnt – dass Sie sich maximal zwei soziale Netzwerke aussuchen und sich dort intensiv engagieren und die Spielregeln der jeweiligen Plattform kennen und nutzen. Lieber zwei soziale Netzwerke richtig bespielen als in fünf Netzwerken Informationen streuen, die keinerlei Resonanz hervorrufen.

## INHALTE FÜR BLOG, E-MAIL-MARKETING UND DIE SOZIALEN MEDIEN

Da Sie nun einen Überblick über die Vorteile und Funktionsweisen von Blog, Newslettern, bzw. E-Mail-Marketing und den sozialen Medien haben, stellt sich die Frage, welche Inhalte Sie dort veröffentlichen. Ihre Beiträge müssen dabei nicht allein aus Text bestehen: Sie können aus Text (mit passendem Bildmaterial), aber auch aus Videos, Podcasts oder beispielsweise auch aus Infografiken bestehen.

Ziel Ihres Content Marketings ist es, Ihre Zielkunden in Ihren Blog und somit auf Ihre Website und am besten darüber hinaus in Ihren E-Mail-Marketing-Verteiler zu ziehen. Unter Content Marketing versteht man eine Marketing-Methode, die durch informierende, beratende und unterhaltende Inhalte die Zielgruppe ansprechen soll, um sie vom eigenen Unternehmen (also von Ihnen als Coach) zu überzeugen und sie bestenfalls als Kunden zu gewinnen (de.wikipedia.org/wiki/Content-Marketing [31.10.2019]). Die Social-Media-Kanäle sind dann dazu da, dieses Vorhaben zu unterstützen und Ihre Zielkunden darauf aufmerksam zu machen, dass es etwas Neues und Wertvolles bei Ihnen gibt.

Hier eine kleine anschauliche Grafik dazu:

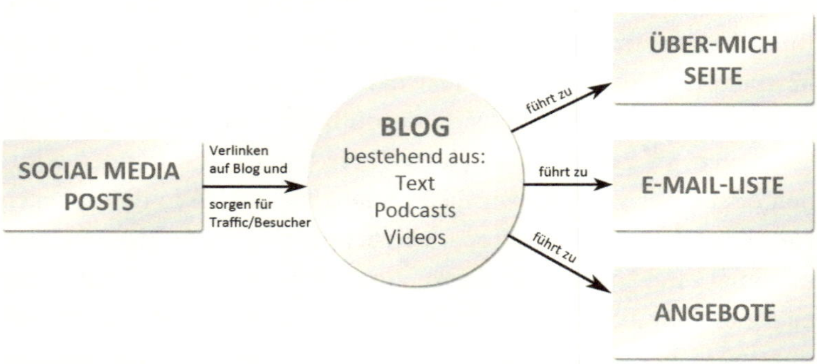


Von den sozialen Medien auf Ihren Blog und in Ihren E-Mail-Verteiler, bzw. Ihre Angebots- und/oder Über-Mich-Seite

Über die sozialen Medien generieren Sie Reichweite, damit mehr Menschen auf Ihren Blog und Ihre Website zugreifen und sich letztlich für Ihr E-Mail-Marketing registrieren, so dass Sie Vertrauen aufbauen und am Ende Ihr Erstgespräch und Ihr Coaching anbieten können.

### WELCHE INHALTE HABEN SIE?

Ihr Blog ist der Ort, wo Sie Ihre Themen, Ihre Persönlichkeit und die Menschlichkeit hinter Ihrem Business zeigen. Dort stellen Sie also Ihre Expertise, aber vor allem auch Ihre Ansichten, Ihre Werte, Ihre Persönlichkeit und die Philosophie Ihres Unternehmens dar. Im Blog erfahren Ihre Leser für was Sie stehen. Wenn es also um die Ideenfindung für Ihre Beiträge geht – egal ob in schriftlicher Form, als Podcast oder Video – überlegen Sie sich, welchen Nutzen Sie Ihren Zielkunden bringen. Was ist für Ihre Zielkunden interessant und wertvoll? Was würde Ihren Zielkunden die Kaufentscheidung erleichtern?

### MINDSET-MOMENT: BANALITÄT VS. FACHTERMINI

Behalten Sie bitte im Hinterkopf, dass Sie für Ihre Zielkunden veröffentlichen, also für Kunden und Interessentinnen. Sie veröffentlichen nicht für Kollegen oder andere Branchenkennerinnen. Bitte verzichten Sie daher auf zu viele Fachtermini. Auch wenn Ihnen Ihre Beiträge dadurch banal erscheinen mögen oder Sie das Gefühl haben, dass doch über alle Themen, die Sie abdecken können, bereits in großer Zahl geschrieben wurde. Es geht darum, dass Sie Ihre ganz persönliche Sichtweise auf diese Themen verbreiten.

### THEMENBLÖCKE

Der erste Themenblock, den Sie in Ihrem Content Marketing nutzen, betrifft Ihre Expertise. Das ist für Ihre Zielkunden der wichtigste Block: Sie zeigen damit, dass Sie Experte oder Expertin in Ihrer

Nische sind und veröffentlichen dazu Artikel, Videos oder Podcasts. Erklären Sie, warum Ihr Thema wichtig ist, was besser ist, wenn Ihr Zielkunde das Thema angeht, besprechen Sie typische Mythen und Vorurteile, veröffentlichen Sie Presseberichte, Auszeichnungen, Seminar-Bescheinigungen oder Arbeitsproben, erläutern Sie Showcases oder Referenzen und beantworten Sie die am häufigsten gestellten Fragen Ihrer Zielkunden zu Ihrem Thema.

Nächster wichtiger Themenblock ist Ihre Philosophie: Warum tun Sie, was Sie tun? Was ist Ihnen wichtig? Warum bieten Sie Ihr Coaching an? Woraus ist Ihre Geschäftsidee entstanden? Warum haben Sie sich für dieses Coaching-Thema bzw. für diese Nische entschieden? Warum lieben Sie Ihr Business? Was wünschen Sie sich für die Zukunft Ihres Business und Ihrer Kunden?

Der dritte Block betrifft Themen außerhalb Ihres Business. Posten Sie ab und an auch mal eine Nettigkeit wie Feiertagsgrüße, Kommentare zu wichtigen gesellschaftlichen Events und schauen Sie sich gerne andere Blogs an, um zu sehen, welche Themen dort gespielt werden.

Interessant sind weiterhin Themen von Ihnen naheliegenden Branchen und gesellschaftliche Trends – besonders, wenn sie in irgendeiner Form mit Ihrem Business zusammenhängen. Schauen Sie außerdem in Foren und in sozialen Netzwerken, für was sich Ihre Zielkunden interessieren, was sie fragen, welche Befürchtungen sie haben und bieten Sie über Ihre Blog-, Podcast- oder Video-Beiträge Ihre Hilfe an.

Aus jedem Beitrag machen Sie dann auch einen Newsletter. Also bitte nicht nochmals separate Artikel oder Beiträge produzieren. Ihr Newsletter – also Ihr E-Mail-Marketing – ist dazu da, Ihren Abonnenten Ihren aktuellen Blog-Beitrag (oder das Video oder den Podcast) schmackhaft zu machen.

Ihre Themen sammeln Sie am besten in einem Themenplan und produzieren mehrere Artikel, Videos oder Podcasts im Voraus. So gewährleisten Sie, dass Sie regelmäßig veröffentlichen. Machen Sie es sich außerdem zur Gewohnheit, jedes Mal, wenn Ihnen ein neues Thema einfällt, dieses auch gleich in Ihrem Themenplan zu notieren. So haben Sie immer einen Fundus zur Verfügung.

## INHALTE FÜR DIE SOZIALEN MEDIEN

In Ihrem Blog teilen Sie also Inhalte (per Text, Video oder Podcast), die Ihren Zielkunden einen Mehrwert liefern. Aber das reicht in den sozialen Medien noch nicht aus, denn egal wie gut Ihr Blog-Post, Ihr Video oder Ihr Podcast ist, wenn das Status Update in den sozialen Medien keine Neugierde weckt, wird es auch nicht ›geliked‹ und geteilt werden. Besonders das Teilen ist aber wichtig, um Ihre Zielgruppe zu erweitern und Ihr Publikum zu vergrößern. Daher geht es vor allem darum aufmerksamkeitsstarke Status Updates zu verfassen. Brillante Status Updates veranlassen zum Teilen, was wiederum Traffic auf Ihre Website zieht und somit Ihr Publikum vergrößert. Status Updates mit Link zu Ihrem Blog sollten jedoch nicht die einzigen Inhalte sein, die Sie in den sozialen Medien publizieren. Je nach Art Ihres Business sollten Sie zudem:

- auf neue Produktseiten Ihrer Website verlinken,
- Ankündigungen vornehmen,
- Ihre Zielkunden über Sonderaktionen informieren,
- neue Teammitglieder vorstellen

und auch sonst all das kommunizieren, was tagtäglich in Ihrem Business passiert und was Sie als Business-Inhaber ausmacht.

Es geht hier darum, Beziehungen aufzubauen. Sie können gleichzeitig mit Hunderten oder Tausenden von Menschen kommunizieren oder einer einzelnen Person persönlich Ihre Aufmerksamkeit schenken. Wenn ein Fan oder Follower auf ein Status Update reagiert, das Tausende von Mitgliedern Ihrer Zielgruppe sehen, können Sie direkt und ohne Umwege auch mit dieser *einen* Person kommunizieren.

Status Updates sind hervorragende Werkzeuge, um Traffic auf Ihre Website zu ziehen, Ihre Zielgruppe zu erweitern und den ›Kennen-Mögen-Vertrauen‹-Faktor aufzubauen, der Ihnen dann mehr Kunden beschert.

MINDSET-MOMENT: SOZIALE MEDIEN SIND ZEITVERSCHWENDUNG

Zugegeben: Es braucht etwas Übung. Aber mit einem einzigen Post können Sie es schaffen, dass Ihre Zielkunden Ihr Business lieben, Ihren Link anklicken und Ihr Update teilen und somit noch mehr mögliche Kunden ansprechen. Aus diesem Grund dürfen Sie auch nicht auf all diejenigen hören, die Ihnen erzählen wollen, dass soziale Medien reine Zeitverschwendung sind. Es kommt wirklich nur darauf an, *wie* Sie soziale Medien nutzen und dass Ihre Zielkunden dort zu finden sind. Wichtig ist hier, dass Sie aktiv sind, anstatt nur passiv zu konsumieren. Es gibt keine anderen Marketing- oder Werbeplattformen, die es Ihnen ermöglichen, mehr oder weniger kostenlos eine solch große Zielgruppe zu erreichen. Starten Sie mit dem, was Sie ganz einfach in Ihren Tagesablauf integrieren können und machen Sie mit der Zeit mehr. Erfolg werden Sie haben, wenn Sie kontinuierlich dranbleiben. Niemand startet mit einer riesigen Fan-Gemeinde. Jeder fängt klein an.

WIE SEHEN DIE BESTEN STATUS UPDATES AUS?

Die besten Status Updates sind diejenigen, bei denen sich Ihre Fans in Sie und Ihr Business ›verlieben‹. Diejenigen, die zum Teilen animieren oder Ihren Zielkunden wertvolles Wissen liefern. Und das ist gar nicht so schwer. Im Akquise-Prozess geht es immer um den ›Kennen-Mögen-Vertrauen‹-Faktor. Menschen werden nur dann zur Ihren Kunden, wenn Sie diese drei Voraussetzungen erfüllen. Natürlich erfüllt nicht jedes Status Update all diese Ziele, aber wenn ein Update auch nur eines davon erfüllt, sind Sie auf dem richtigen Weg.

Allerdings geht es in den sozialen Medien nicht nur darum, was Sie sagen, sondern auch wie Sie es sagen. Vor allem in den privaten sozialen Medien sind Ihre Zielkunden aus Spaß, nicht um geschäftliche Bulletins oder Pressemeldungen zu lesen. Auf den beruflichen Netzwerken darf es förmlicher zugehen, aber bitte posten Sie auch hier nicht nur Angebote. Sie müssen einen informellen Konversationsstil anschlagen und dürfen gerne auch witzig oder hintersinnig sein.

In Ihrer gesamten Business-Korrespondenz sollten die Status Updates am wenigsten formell sein. Versuchen Sie, sich nicht wie ein Unternehmen anzuhören, sondern wie eine Person, die ein Unternehmen führt, denn genau das sind Sie! Wenn Sie einen Post verfassen, lesen Sie ihn sich vorab vor. Hört er sich an wie etwas, das Sie am Telefon oder zu einem Freund sagen würden? Wenn nicht sollten Sie den Inhalt nochmals überdenken.

### MINDSET-MOMENT: MIT MIR INTERAGIERT NIEMAND

Zögern Sie manchmal, wenn Sie einen Post verfassen? Keine Angst – die schlimmsten Status Updates sind diejenigen, die erst gar nicht gesendet werden! Und das ist der wichtigste Grund, warum Coaches keinen Erfolg mit Social Media haben. Die Status Updates passieren einfach zu selten oder gar nicht. Wichtiger als zu konsumieren ist es, selbst aktiv zu sein! Lassen Sie ab von der Überzeugung, dass jeder Ihrer Posts brillant sein muss. Nicht jedes Update, dass Sie verfassen, muss das Rad neu erfinden oder bahnbrechende Informationen liefern. Small Talk ist absolut ok. Und tatsächlich funktioniert Small Talk oftmals am besten. Beispielsweise erhält eine Frage wie ›in welcher Stadt leben Sie‹ zahlreiche Antworten, während eine Frage zu persönlichen Überzeugungen doch lieber links liegen gelassen wird. Machen Sie es nicht zu tiefgründig und sorgen Sie für eine gute Mischung. Ich sehe jede Menge Profile in den sozialen Medien, die einzig auf Beiträge auf einem Blog linken oder Pressemeldungen bewerben.

Viele Coaches posten in den sozialen Netzen entweder nur Geschäftliches oder gar nichts! Sie sollten nicht dazu gehören! Einem Profil, das nur über die Vorteile eines Business unterrichtet, will man nicht folgen. Gleichzeitig sollten Sie aber auch keine Angst haben, hier und da über Ihre Angebote zu informieren.

## DIE BESTEN WEGE, UM ERSTGESPRÄCHE AUS DEN SOZIALEN MEDIEN ZU GENERIEREN

Wenn Sie von Kollegen hören, dass die sozialen Medien oftmals reine Zeitverschwendung für Ihr Business sind, liegt das meistens daran, dass diese Kollegen noch keine Strategien gefunden haben, um aus den sozialen Medien Erstgespräche zu gewinnen. Doch genau das ist auch in Facebook, LinkedIn oder via Instagram möglich.

### ERSTGESPRÄCHE ÜBER FACEBOOK LIVE VIDEOS ODER INSTAGRAM STORYS

SHOWCASE SABINE VOGELSBERG:

Als energetische Business Coach sorgt Sabine Vogelsberg für ein erfolgreiches Business-Leben mit Freude und Leichtigkeit, sowohl für Führungskräfte als auch für Unternehmer. Nachdem Sie sich eine neue Facebook-Gruppe aufgebaut hatte, hat sie in dieser Gruppe mit regelmäßigen Live Videos Mehrwert geliefert. Sie ging in den Videos auf häufige Fragen und ihr bekannte Herausforderungen ihrer Zielkunden ein. Am Ende ihrer Live Videos forderte sie dann zur Kontaktaufnahme und zum attraktiv benannten Erstgespräch auf und verkaufte so ihre erste Mastermind für 15.000 Euro/Jahr an drei Teilnehmerinnen. (sabine-vogelsberg.de [31.10.2019])

Auf Facebook ist es dabei wichtig, möglichst regelmäßig Facebook Live Videos zu machen. Es geht dabei weniger darum, perfekt inszenierte Videos zu verbreiten, als vielmehr sich authentisch und regelmäßig zu zeigen und Themen zu besprechen, die die eigenen Zielkunden interessieren. Nach ein wenig Vorlaufzeit können Sie dann am Ende Ihres Live Videos eine Handlungsaufforderung platzieren und darauf hinweisen, dass Sie beispielsweise noch zwei Termine für eine Strategie-Session frei haben.

Wer sich regelmäßig auf Instagram zeigt, wird bald einige Menschen erreichen, die immer wieder mit den eigenen Posts interagieren. Hier hat es sich als gute Strategie erwiesen, mit diesen ›Top-Fans‹ direkt in Kontakt zu treten und ein persönliches Telefonat anzubieten. Auch hier ist der erfolgsentscheidende Faktor wieder die Kontinuität und Häufigkeit der Videos. Eine einmalige Instagram Story wird Ihnen wahrscheinlich nicht sofort neue Kunden oder Anfragen zum Erstgespräch bringen. Wenn Sie dranbleiben, werden Sie die Wahrscheinlichkeit aber erhöhen. Nehmen Sie sich am besten vor, über einen gewissen Zeitraum, beispielsweise 30 Tage, jeden Tag ein Live-Video auf Facebook oder eine Instagram-Story zu veröffentlichen. Sie werden sehen, welchen Unterschied das für die Interaktion mit Ihrer Zielgruppe macht.

### ERSTGESPRÄCHE ÜBER FACEBOOK-GRUPPEN UND CHALLENGES

Der große Vorteil einer Facebook-Gruppe gegenüber einer Facebook-Seite ist, dass Facebook es aktuell in den Gruppen ermöglicht, dass Sie alle Ihre Teilnehmer auch wirklich erreichen. Die organische Reichweite für Posts auf Facebook-Seiten liegt nur noch bei etwa 10 % und teilweise sogar noch darunter. Das heißt, dass wenn Sie beispielsweise 600 Fans auf Ihrer Seite haben, gerade einmal 60 davon Ihren Post überhaupt in ihrer Timeline angezeigt bekommen. Wenn Sie sich vor Augen führen, wie mühevoll es sein kann, neue Fans für Ihre Facebook-Seite zu gewinnen, ist das ein unglaublich schlechtes Ergebnis und als Mittel um Erstgespräche zu generieren nicht wirklich ideal. Natürlich gibt es ein paar Maßnahmen, um diese Reichweite zu steigern, beispielsweise indem Sie ein Video posten oder einen Post absetzen, der viele Reaktionen auslöst. In Facebook-Gruppen hingegen sind Sie gewiss, dass alle Mitglieder Ihrer Gruppe Ihren Post angezeigt bekommen. Das gleiche gilt für Kommentare und Interaktionen. Gruppen können Sie zudem durchsuchen. Was es für Sie unglaublich einfach macht, nach bestimmten Posts, Sätzen oder Terminen zu suchen. Eine Gruppe könnten Sie beispielsweise auch kostenpflichtig machen, Sie können physische Produkte verkaufen, Sie können Events veranstalten oder Dokumente hochladen, beispielsweise auch Lead Magnets oder Landingpages, um die Adressen zusätzlich für Ihren E-Mail-Verteiler einzusammeln.

Mit all diesen Features können Sie Ihre Gruppe zu *der* Gruppe machen, in der man online nach Rat, Information und Inspiration zu Ihrem Thema sucht. Und ganz wichtig: Sie können in Ihrer Gruppe auch die Mitglieder untereinander vernetzen, was dafür sorgt, dass Sie umso mehr als ›Leader‹ wahrgenommen werden.

### WIE SIE MITGLIEDER FÜR IHRE GRUPPE GEWINNEN

Es gibt kostenlose und kostenpflichtige Strategien, um Mitglieder für Ihre Gruppe zu gewinnen. Ich rate Ihnen zunächst zu den kostenlosen Strategien, denn dazu müssen Sie zwar kreativ werden, aber kein Budget einsetzen.

1. Geben Sie Ihrer Facebook-Gruppe einen Namen, der auf Anhieb aussagt, was die Teilnehmer in Ihrer Gruppe erwartet. Dazu darf dieser Name gern etwas holpern. Klarheit geht hier vor Kreativität.
2. Erstellen Sie eine Custom-URL für Ihre Gruppe, also eine URL, die direkt auf die Gruppe verlinkt. Diese können Sie bei Facebook einstellen. Die URL meiner Gruppe heißt beispielsweise: facebook.com/groups/coachingverkaufenohnetechnik [31.10.2019]. Setzen Sie diese URL ein, wo immer es sich anbietet, beispielsweise in Ihrer E-Mail-Signatur, auf Ihrer Danke-Seite, wenn sich gerade jemand für Ihren E-Mail-Verteiler eingeschrieben hat, in

Ihrem Profil, wenn Sie Gastbeiträge verfassen oder Interviews geben, in der E-Mail mit der Sie Ihren Lead Magnet liefern usw.
3. Fügen Sie den Custom-URL zu Ihrer Facebook-Gruppe in die Navigation Ihrer Website ein, beispielsweise unter dem Menü-Punkt ›Kostenlos‹ oder ›Gratis‹.
4. Laden Sie Ihre Zielkunden gezielt in Ihre Gruppe ein. Überlegen Sie sich also, wo sich Ihre Zielkunden bzw. Menschen, die sich für Ihr Thema interessieren bereits auf Facebook aufhalten. Sind diese Menschen vielleicht schon Mitglieder anderer Gruppen? Dann werden Sie dort Mitglied und sprechen Sie diese Menschen über eine persönliche Nachricht an.
5. Laden Sie auf der Danke-Seite Ihres Anmelde-Prozesses für Ihr E-Mail-Marketing in Ihre Facebook-Gruppe ein.

### WIE SIE IHRE ERSTGESPRÄCHE IN DER FACEBOOK-GRUPPE ANBIETEN

Um über Facebook-Gruppen Erstgespräche zu gewinnen, ist es zum einen wichtig, Menschen in der Gruppe zu haben, die sich für Ihre Angebote und Ihr Coaching-Thema interessieren. Das stellen Sie über den Gruppen-Namen und über die gezielte Einladung Ihrer Mitglieder sicher.

Dann ist es wichtig, die Schmerzpunkte Ihrer Teilnehmer genau zu kennen und ihr Vertrauen zu gewinnen. Entwickeln Sie ein Gefühl dafür, was Ihre Mitglieder beschäftigt. Halten Sie Ausschau nach Posts, in denen Ihre Mitglieder teilen, was sie grad beschäftigt, mit was sie kämpfen, wo sie Herausforderungen haben und für was sie sich interessieren.

Sie können auch regelmäßig zwei Fragen stellen, indem Sie sie einfach regelmäßig posten. Und zwar sind das die Fragen:

- Vor welcher Herausforderung stehen Sie gerade?
- Was würden Sie gerne können, erfahren oder lernen?

Alles, was Sie in diesem Zusammenhang herausfinden, sollten Sie sich notieren. Vielleicht haben Sie bereits eine Dienstleistung oder ein Programm, das die Herausforderungen Ihrer Zielkunden löst. Vielleicht müssten Sie Ihre Angebote auch entsprechend anpassen. Wenn Sie die wichtigsten Herausforderungen Ihrer Gruppenmitglieder kennen, können Sie dazu eine kostenlose Challenge starten, über die Sie am Ende Ihr Angebot zum Erstgespräch platzieren.

MINDSET-MOMENT: GEHT DAS NICHT SCHNELLER?

Viele Coaches, die in den sozialen Medien starten, wünschen sich, dass der Weg zum Erstgespräch schneller ging. Vorstellbar wäre sicherlich, dass Sie in Ihre Facebook-Gruppe einladen und dort nach kurzem Small Talk sofort zum Erstgespräch einladen. In den meisten Fällen werden Sie Ihre Gruppen-Teilnehmer damit jedoch überfahren. Bedenken Sie, dass die meisten Facebook-Nutzer eher aus privaten Gründen in diesem Netzwerk sind. Sie sind dort nicht aktiv auf der Suche nach einer Lösung. Daher ist der vorgelagerte Vertrauensaufbau umso wichtiger. Am Ende gilt jedoch: Probieren geht über Studieren. Jede Zielgruppe ist unterschiedlich. Sie dürfen herausfinden, was bei Ihrer Zielgruppe funktioniert.

DEFINITION: ONLINE-CHALLENGE

Bei einer Challenge laden Sie Ihre Zielkunden ein, während mehrerer Tage ein bestimmtes Ziel zu erreichen. Dieses Ziel ist idealerweise ein erster Schritt auf dem Weg, die ganz große Herausforderung anzugehen, für die Sie mit Ihrem Coaching die Lösung anbieten. Ich habe über meine Facebook-Gruppe herausgefunden, dass sich meine Gruppen-Mitglieder schwertun, sich von ihren Wettbewerbern zu unterscheiden und sich einzigartig zu positionieren. Daher habe ich mir die kostenlose Positionierungs-Challenge ›In 7 Tagen zum Experten-Challenge‹ überlegt. Bereits beim ersten Mal haben über 90 Personen an der Challenge teilgenommen. Da ich die Challenge ohne Anmeldung zu meinem E-Mail-Verteiler und rein über die Facebook-Gruppe organisiert habe, habe ich zudem weitere Personen damit begeistert, die die Challenge ›am Rande‹ mitbekommen haben und viele neue Gruppenmitglieder gewonnen. Am Ende der Challenge habe ich daraus zehn Teilnehmer für die nächste Runde meines Online-Trainings und zwei Kunden für meine Premium-Pakete gewonnen. Heute führe ich diese Challenge mit bis zu 800 Teilnehmern durch.

### WIE SIE TEILNEHMER FÜR IHRE CHALLENGE GEWINNEN

Teilnehmer gewinnen Sie vor allem über Ihre Gruppe selbst. Verfassen Sie einen attraktiven Post mit dem Startdatum und dem Link zur Anmeldeseite für Ihre Challenge und pinnen Sie diesen Post oben in Ihrer Gruppe fest. Weisen Sie immer wieder drauf hin, dass die Challenge stattfindet und wie Ihre Gruppen-Teilnehmer an der Challenge teilnehmen können. Selbstverständlich können Sie zudem Anzeigen für Ihre Challenge schalten und in anderen sozialen Netzwerken dazu einladen.

Sobald Sie einen kleinen E-Mail-Verteiler aufgebaut haben, laden Sie auch Ihre Abonnenten dazu ein. Betrachten Sie die Challenge als intensive Vertrauensaufbau-Maßnahme, die Ihnen am Ende viele Erstgespräche bescheren wird. Wenn Sie noch nicht mit E-Mail-Marketing arbeiten und noch kein System haben, mit dem Sie E-Mail-Adressen sammeln können, können Sie Ihre Challenge zunächst auch ohne formelle Anmeldung in Ihren E-Mail-Verteiler machen. Dazu laden Sie Ihre Teilnehmer über einen Post in Ihrer Facebook-Gruppe ein und fordern auf, dazu beispielsweise mit einem ›ja‹ oder mit ›ich bin dabei‹ zu kommentieren. Dann erstellen Sie sich eine Liste mit den Teilnehmern und markieren alle manuell unter jeder Tagesaufgabe.

Selbstverständlich ist es immer gut, die Adressen Ihrer Teilnehmer in Ihrem E-Mail-Marketing-System zu haben. Daher sollten Sie baldmöglichst mit E-Mail-Marketing starten und die Anmeldung über eine Opt-In-Page ermöglichen, um die Teilnehmer im Nachhinein auch per E-Mail weiter mit Informationen zu Ihren Angeboten zu versorgen. Somit haben Sie beispielsweise die Möglichkeit, all jene, die sich nicht sofort auf die Einladung zu Ihrem Erstgespräch melden, nochmals daran zu erinnern.

### SHOWCASE: ABLAUF DER CHALLENGE

An jedem Tag der 7 Tage Challenge gab am Morgen ein kurzes Video mit einer Tagesaufgabe, das ich sowohl per E-Mail ausgeliefert als auch in der Facebook-Gruppe hochgeladen habe. Dieses Video können Sie ganz einfach über die Kamera Ihres Laptops oder Mobiltelefons aufnehmen. Wenn Sie im frei Sprechen noch nicht so sicher sind, können Sie eine Teleprompter App nutzen.

Fordern Sie Ihre Teilnehmer dazu auf, die Ergebnisse der jeweiligen Tagesaufgabe in der Facebook-Gruppe zu teilen, damit sie von Ihnen und den anderen Teilnehmern Feedback erhalten können. Nicht alle werden sich aktiv beteiligen, aber für viele ist diese Interaktion das Besondere an der Challenge, das was sie dazu motiviert mitzumachen und das Ziel auch tatsächlich zu erreichen.

Am letzten Tag der Challenge können Sie als Dankeschön für die Teilnahme und als nächsten Schritt ein kostenfreies Erstgespräch anbieten, indem Sie gemeinsam klären, wie Sie Ihren Teilnehmern an dieser Stelle weiter helfen können, das finale Ziel zu meistern. Selbstverständlich bieten Sie in diesem Gespräch Ihr Coaching-Paket an.

### IDEEN FÜR WEITERE CHALLENGES

Im Marketing- und Business-Coaching ist es einfach, sich solche Challenges zu überlegen, aber auch in anderen Coaching-Nischen machen Challenges Sinn. Um Ihre Kreativität anzuregen, will ich Ihnen einige Beispiele für Challenges nennen. Bitte bedenken Sie, dass Ihre Challenge nicht über sieben Tage gehen muss. Drei oder fünf Tage funktionieren genauso gut.

- In 7 Tagen zu Ihrem Traumpartner
- In 7 Tagen den eigenen Erfolg manifestieren und Ihre Träume verwirklichen
- 7 Tage Challenge: Weg vom täglichen ›Zuviel‹ und hin zu einem entspannten Leben
- In 7 Tagen die eigenen Ziele erreichen
- In 7 Tagen zu Ihrem selbstbewussten Ich
- In 7 Tagen zu neuer Verliebtheit (auch wenn sie schon 20 Jahre zusammen sind)
- In 7 Tagen zur charismatischen Persönlichkeit
- In 7 Tagen weg vom Stress

### ERSTGESPRÄCHE ÜBER ONLINE-KONFERENZEN

Online-Konferenzen sind virtuelle Konferenzen, bei denen Sie als Veranstalter Ihren Teilnehmern Ihr eigenes, vor allem aber auch das Wissen, die Tipps und Erfahrungen anderer Experten zur Verfügung stellen. Sie können eine Online-Konferenz zu nahezu jedem Thema organisieren und sich dadurch als führenden Experten in diesem Bereich etablieren. Wichtig ist natürlich, dass dieses Thema auf Interesse bei Ihren Zielkunden stößt.

Wenn Sie Organisator der Online-Konferenz sind, laden Sie sich andere – gern bekanntere – Experten zu Ihrer Konferenz ein und interviewen sie zu einem Unterpunkt Ihres Hauptthemas. Dieses Interview zeichnen Sie auf und veröffentlichen es dann im Rahmen Ihrer Online-Konferenz. Die Teilnehmer Ihrer Online-Konferenz kommen in den Genuss des Wissens und der Erfahrung dieses Experten und erhalten somit einen Mehrwert. Sie vereinbaren zudem, dass alle Experten, die Sie interviewen, auch die eigenen Fans, bzw. die eigenen Abonnenten im E-Mail-Verteiler zur Konferenz einladen. Wenn Sie dazu die Konferenz noch selbst bewerben, ist sie eine hervorragende Möglichkeit, Ihren E-Mail-Verteiler schnell wachsen zu lassen mit Menschen, die sich für Ihr Thema interessieren. Sie nutzen für den Aufbau Ihres E-Mail-Verteilers nicht nur Ihr eigenes

Wissen (wie beispielsweise in einem Webinar), sondern die Expertise und die Reichweite weiterer Experten.

Online-Konferenzen können in geschlossenen Mitgliederbereichen stattfinden für die Sie als Organisator Zugangsdaten vergeben können. Dort loggen sich die Teilnehmer dann ein und können die Inhalte abrufen. Wenn Sie die Inhalte nur begrenzt kostenlos zur Verfügung stellen, können Sie im Nachgang auch ein bezahltes ›Konferenzpaket‹ anbieten und Ihre Online-Konferenz somit refinanzieren. Für den Start können Sie für Ihre Konferenz jedoch auch einfache Landingpages erstellen, auf denen Sie die Experten-Interviews als Video packen und versenden den Link zu dieser Landingpage an Ihre Konferenzteilnehmer. Wichtig ist, dass Sie einen Anmeldeprozess für Ihre Konferenz erstellen und sie nicht frei zugänglich für jeden in den sozialen Medien abhalten. Ihr oberstes Ziel für die Konferenz ist es nämlich, die E-Mail-Adressen Ihrer Teilnehmer einzusammeln.

Ihre Konferenz kann zudem live stattfinden. Einfacher ist es jedoch, Ihre Experteninterviews vorab aufzuzeichnen. Sie können Ihren Teilnehmern zudem die Interaktion über eine Kommentarfunktion unterhalb der Landingpage ermöglichen oder beispielsweise zusätzlich eine Facebook-Gruppe eröffnen, in der sich ihre Teilnehmer untereinander vernetzen können. Zugegeben: Gerade in den letzten Jahren sind Online-Konferenzen wie Pilze aus dem Boden geschossen, aber das ändert nichts daran, dass sie eine großartige Möglichkeit sind, um Ihren Zielkunden wertvolle Inhalte zu liefern, sich als Experte zu positionieren, Kontakte zu anderen einflussreichen Experten zu knüpfen und gleichzeitig Ihre E-Mail-Liste aufzubauen. Eine Online-Konferenz gibt Ihnen Expertenstatus, selbst wenn Sie bei der Online-Konferenz allein als Interviewerin und nicht als Referentin auftreten. Sie umgeben sich mit möglichst einflussreichen Referenten und Referentinnen und heben sich somit selbst auf deren Stufe.

Die Inhalte Ihrer Online-Konferenz, also die vorab aufgezeichneten Video-Interviews, können Sie über einen bestimmten Zeitraum – eben der Dauer der Konferenz – per E-Mail ausliefern. Diese Inhalte sind für viele Interessenten sehr wertvoll, weshalb Sie zudem entscheiden können, sie als Kongress-Paket im Nachhinein auch zu verkaufen. Die Hauptzielsetzung Ihrer Konferenz ist es jedoch, über ein attraktiv benanntes Erstgespräch, das Sie den Teilnehmern im Nachgang anbieten, Ihre Premium-Pakete zu platzieren.

Während es mittlerweile Online-Konferenzen mit 30 bis 50 Referenten gibt, reicht es für Sie aus, wenn Sie mit fünf bis neun weiteren Experten starten. Meiner Erfahrung nach wissen es gerade Menschen, die ein Coaching bräuchten zu schätzen, wenn sie sich nicht durch 50 Stunden Videomaterial ›kämpfen‹ müssen. Wenn Sie es schaffen, einen sehr bekannten Experten oder eine sehr bekannte Expertin zur Konferenz einzuladen, sind Ihnen viele Teilnehmer gewiss. Für den maximalen Erfolg Ihrer Konferenz sollten Ihre Referenten folgende Voraussetzungen erfüllen:

- Sie sprechen eine ähnliche Zielgruppe an, wie Sie.
- Sie bieten Services, die sich mit Ihren Angeboten ergänzen (Überschneidungen gibt es immer, aber bestenfalls haben Sie keine direkten Konkurrenten).
- Sie haben idealerweise bereits eine kleine Community oder E-Mail-Liste (bis zu 1.000 Abonnenten sind für den Start schon eine hervorragende Größe – nur selten werden Sie einen Experten mit einer größeren Liste finden, der bereit ist, einen Starter zu unterstützen – es soll ja eine Win-Win-Situation sein).
- Sie sind bereit ihre Community ebenfalls zur Konferenz einzuladen und Ihnen 30 bis 60 Minuten ihrer Zeit zu schenken.

Vereinbaren Sie mit diesen Referenten, dass Sie das Recht haben, das Interviewmaterial mit ihnen kommerziell zu nutzen und dass sie die Abonnenten ihrer E-Mail-Liste mindestens einmal, gern auch mehrfach zur Konferenz einladen. Im Gegenzug können Sie anbieten, dass Ihre Referenten einen Link zu einem Lead Magnet mit einbringen. Somit sammeln auch die Referenten neue Interessentenkontakte ein.

Für die Vorbereitung Ihrer Konferenz sollten sie zwei Monate einrechnen. Bewerben sollten Sie sie mindestens drei Wochen lang, damit Sie genügend Teilnehmer gewinnen.

### ERSTGESPRÄCHE ÜBER LINKEDIN

Wenn Sie Business-, Marketing-, Karriere- oder Vertriebscoach sind, ist LinkedIn eine hervorragende Plattform für Sie. Anders als in den privaten sozialen Netzen wie Facebook oder Instagram geht es dort um das Geschäft. Um Ihr LinkedIn Profil zum Erfolg zu machen, dürfen Sie sich dennoch auch dort aktiv einbringen.

Der große Vorteil von LinkedIn ist, dass Sie einen Suchauftrag einstellen können und LinkedIn Ihnen somit in regelmäßigen Abständen beispielsweise eine ganze Liste von Geschäftsführern, Vertriebsleiterinnen, Personalleitern oder Marketing-Managerinnen vorschlägt. Je nachdem, was Sie als Suchbegriff eingeben. Diese Personen können Sie direkt kontaktieren. Selbstverständlich fallen Sie dabei nicht mit der Tür ins Haus, sondern bauen zunächst eine Beziehung auf. LinkedIn ist ein hervorragendes Beispiel für das sogenannte ›Social Selling‹. Auf der Plattform selbst wird nicht verkauft, sondern die eigene Expertise dargestellt. Das tun Sie über ein optimiertes Profil, indem Sie die Keywords platzieren, für die Sie gefunden werden wollen und auf einen Blick sagen, wem Sie wobei helfen. Außerdem posten Sie auch auf LinkedIn gern regelmäßig Links zu Ihren eigenen Blog-Beiträgen (oder Videos oder Podcasts) oder auch zu Beiträgen in anderen Medien, die Sie für Ihre Zielgruppe interessant finden. Es geht also auch hier darum, gesehen zu werden. Vor allem aber geht es darum, eine Beziehung zu Ihren Zielkunden aufzubauen. Ein bisschen geschäftlicher Small Talk schadet also nicht.

Eine Strategie, die für viele Coaches bereits funktioniert, ist, über Insight-Sessions mit Ihren Zielkunden in Kontakt zu kommen. Sie bitten darum, Einblicke in die Welt Ihrer Zielkundinnen zu erhalten, weil Sie beispielsweise ein neues Coaching-Paket entwickeln oder an einem E-Book (Lead Magnet) arbeiten. Sie schreiben Ihren

LinkedIn-Kontakt daher an und fragen ihn oder sie um 20 Minuten seiner/ihrer Zeit. Je nachdem, wie viel Vertrauen Sie bereits zu Ihren LinkedIn-Kontakten aufgebaut haben und wie persönlich Ihr Anschreiben auf Ihre Kontakte abgestimmt ist, werden Sie darauf einiges an Resonanz erhalten. Beachten Sie dabei aber bitte, dass LinkedIn kein ›Massen-Medium‹ ist. Verändern Sie Ihr Anschreiben jeweils so, dass Ihre Zielkundin merkt, dass es nur für sie gemacht ist. Beschäftigen Sie sich mit ihrem Profil und mit dem, was sie auf LinkedIn mag oder kommentiert. Somit haben Sie einen guten Aufhänger. Über die Insight-Session können Sie dann zum separaten Erstgespräch einladen.

# Kapitel 5

## Expertenstatus aufbauen – Bekanntheit steigern

Um als Coach ein profitables Business aufzubauen, ist es wichtig zu verstehen, dass Sie als Person das Aushängeschild dafür sind. Ob Sie wollen oder nicht: Ihr Erfolg hängt dabei zu einem großen Teil von Ihrem Expertenstatus ab, bzw. davon ob Sie von Ihrer Zielgruppe als Experte oder Expertin wahrgenommen werden. Als Coach werden Sie Ihre Dienstleistung zum Start immer aktiv verkaufen müssen. Viele wünschen sich jedoch, dass ihre Zielkunden von alleine auf sie zukommen, dass die Qualität ihres Coachings für sich spricht und sie deshalb weiterempfohlen werden. Die gute Nachricht lautet: Dieses Ziel ist mittelfristig erreichbar. Dafür brauchen Sie jedoch den Expertenstatus. Mit steigendem Expertenstatus und steigender Bekanntheit sinkt Ihr Marketingaufwand. Zudem werden Sie weiterempfohlen, weil viele Menschen – egal ob Zielkunde oder nicht – wissen, wofür Sie stehen.

Den Expertenstatus aufzubauen startet mit Ihrer unverwechselbaren Positionierung. Dazu haben Sie im ersten Kapitel alles erfahren, was Sie wissen müssen. Nun geht es darum, diese Positionierung nach außen zu tragen und darüber hinaus zu beweisen, dass Sie Experte oder Expertin sind.

Das Wichtigste beim Expertenstatus ist, dass nicht Sie selbst es sind, der entscheidet, ob Sie Experte sind. Entscheidend ist, ob Ihre Zielgruppe Sie als Experte oder Expertin wahrnimmt. Es geht also nicht nur um Ihre Expertise, sondern darum diese Expertise *nach außen zu zeigen*. Wenn niemand Sie als Experte oder Expertin wahrnimmt, können Sie noch so viel Wissen haben und Doktorarbeiten oder Bücher geschrieben haben. Wenn niemand davon weiß, sind Sie für die Öffentlichkeit kein Experte und keine Expertin. Wenn Sie im Gegensatz dazu regelmäßig qualitativ hochwertige Inhalte online publizieren – beispielsweise über Ihren Blog, Ihren eigenen YouTube-Kanal oder Ihren Podcast – werden Sie auch ohne Doktortitel, Buch oder Forschungsarbeit in kurzer Zeit als Experte oder Expertin wahrgenommen. Vorausgesetzt Sie bleiben bei Ihrem Thema.

# Mittel und Wege, um zur Expertin oder zum Experten zu werden

Damit Sie von Ihrer Zielgruppe als Experte oder Expertin wahrgenommen werden, müssen Sie regelmäßig Ihre Expertise veröffentlichen. Die neuen und sozialen Medien machen das heute sehr einfach. Ein guter Ausgangspunkt dafür ist Ihr **Blog auf Ihrer Website**. Dort präsentieren Sie, wie bereits beschrieben, Ihren Expertenstatus, indem Sie sich und vor allem ihr Coaching vorstellen und von Ihren Erfolgen berichten. Durch die Auswahl der Themen und der Gesprächspartner machen Sie Ihren Zielkunden deutlich für was Sie stehen und können zudem dort direkt mit ihnen in Kontakt kommen.

Wenn Sie zu den Menschen gehören, die lieber sprechen als schreiben, können Sie sich stattdessen für **Videos** entscheiden. Kein anderes Medium baut so schnell Vertrauen zur Zielgruppe auf, wird so gut von Suchmaschinen bewertet und verkauft so gut wie ein gutes Video. Egal, wie sehr Sie auch an Ihrer Bekanntheit arbeiten – beispielsweise durch kontinuierliche Pressearbeit – es wird immer einige Menschen geben, die das Gefühl haben, Sie nicht wirklich zu kennen, bis sie Sie dann auf Video gesehen haben. Das ist wie bei den TV-Moderatoren: Wir mögen und vertrauen ihnen und haben irgendwie das Gefühl, diese Menschen näher zu kennen. Auch wenn wir sie noch nie getroffen haben. Auf Videos zeigen Sie Ihr wahres Ich. Ihre Zielkunden sehen Ihre Körpersprache, Ihre Augen, Ihr Lachen, vielleicht auch Ihre Nervosität (die Sie meist nur sympathischer macht) und so vieles mehr.

Voll im Trend sind zudem **Podcasts**. Ein großer Vorteil eines Podcasts ist, dass Ihre Zielkunden ihn ›passiv‹ konsumieren können. Sie müssen also nicht aktiv in einen Bildschirm schauen, um zu lesen oder ein Video anzuschauen, sondern hören ›nebenbei‹ was Sie zu Ihrem Thema zu sagen haben, beispielsweise auf dem Weg zur Arbeit, beim Gassi-Gehen mit dem Hund oder beim Bügeln. Diese Form des ›Nebenbei-Lernens‹ ist sehr beliebt. Der Technik-Aufwand hält sich in Grenzen und es gibt bereits gute und günstige Dienstleister, die bei der Bearbeitung und Veröffentlichung von Podcasts helfen. Die Aufnahme funktioniert über ein Kondensatormikrofon mit sogenanntem Popschutz und eine entsprechende Software. Mit der Software Audacity gibt es sogar eine gute kostenlose Lösung.

In einem Podcast können Sie Ihre Themen auch länger besprechen als beispielsweise auf Video. Während viele bei einem Video nach spätestens fünf Minuten aussteigen, liegt die bevorzugte Länge bei Podcasts bei 37 % der Hörer bei über 30 Minuten, 45 % geben an, dass sie Folgen mit einer Länge bis zu 20 Minuten bevorzugen. (splendid-research.com/de/ueber-uns/presse/item/studie-trendmedium-podcast.html, Meldung vom 7.3.2018 [31.10.2019])

Mit einem Podcast haben Sie zudem weniger Konkurrenz als mit Ihrem eigenen Video-Kanal oder Blog. Es gibt bei iTunes zwar bereits mehr als 525.000 aktive Podcasts. Auf WordPress allein werden jedoch monatlich 70,5 Millionen neue Blog-Posts veröffentlich und YouTube wächst monatlich um 1,9 Milliarden Nutzer. Zudem hat sich die Zahl der Podcast-Hörer in Deutschland von 2016 auf 2018 bei den 30 bis 49-jährigen verdoppelt. Fast jeder 4. Deutsche (22 %) hört mindestens gelegentlich einen Podcast (s. Grafik). Ein Podcast ist ein ideales Medium, um gute Beziehungen aufzubauen. Fast wöchentlich erhalte ich zu meinem Coaching-Business Mastery Podcast ein Feedback, dass der Podcast meine Zielkunden beispielsweise auf dem Weg zur Arbeit begleitet oder dass sie einen neuen Impuls erhalten haben oder eine wichtige Information.

Die Wirkung Ihrer Stimme ist persönlicher als das Lesen eines Textes. Zudem können Sie bewegende Geschichten erzählen und Emotionen vermitteln und somit erreichen, dass sich Ihre Zuhörer mit Ihnen identifizieren.

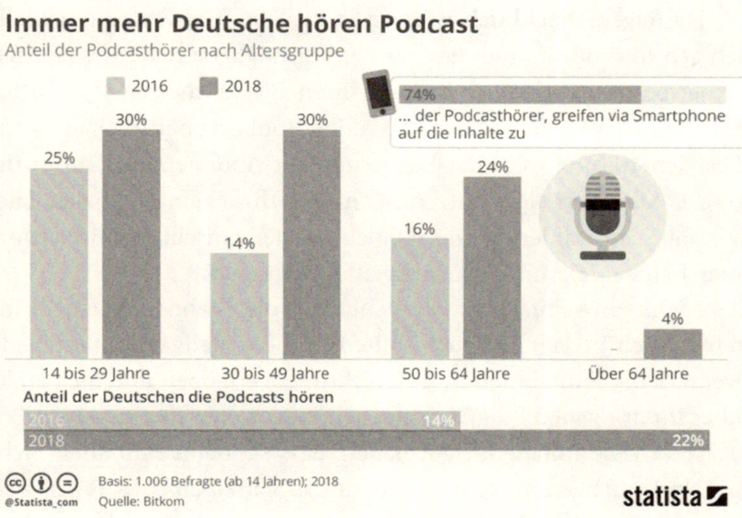


Anteil der deutschen Podcasthörer nach Altersgruppen (Grafik von Statista unter CC BY-ND).

In einem Podcast können Sie zudem Ihre Kunden interviewen und somit Beispiele für Ihre Ergebnisse liefern. Es kommt immer gut an, wenn Ihre Kunden selbst darüber sprechen, was sie mit Ihnen erarbeitet haben. Selbstverständlich interviewen Sie dort am besten auch andere Experten und Expertinnen. Das liefert Ihren Hörern einen Mehrwert und baut Ihr Netzwerk auf. Sie sind damit für andere Experten und Expertinnen ein ernst zu nehmender Partner, denn Sie wollen nicht nur etwas von ihnen, sondern bieten mit Ihrem Podcast auch etwas als Gegenleistung: Nämlich Reichweite und Öffentlichkeit.

Ganz wichtig bei der Veröffentlichung eines Podcast ist, dass Sie von vorne herein regelmäßig und oft veröffentlichen. Gerade iTunes als Veröffentlichungs-Plattform funktioniert wie jedes andere soziale Medium auch. Dort wird geschaut, wie regelmäßig neuer Content kommt. Wenn Sie regelmäßig dranbleiben, schickt Ihnen auch iTunes neue Interessenten für Ihren Podcast.

Das eigene **Fachbuch** ist auch in der heutigen Zeit des schnelllebigen Internets immer noch der größtmögliche Beleg des eigenen Expertenstatus. Ihr Buch steigert Ihren Bekanntheitsgrad, und Sie können es als Business- und Marketing-Tool und natürlich auch zur Leadgenerierung (also der Steigerung der Abonnenten-Zahl in Ihrem E-Mail-Verteiler) nutzen. Wenn Sie Ihr Thema und den Titel sorgfältig auswählen, wird Ihr Buch auf den einschlägigen Plattformen bei den relevanten Suchbegriffen angezeigt.

Nicht ganz einfach ist gegebenenfalls die Suche nach einem interessierten Verlag. Ein Buch sollten Sie bestenfalls dann schreiben, wenn es die Einnahmen in Ihrem Business erlauben und Sie bereits über Ihren eigenen Blog, Ihre eigenen Videos oder Ihren eigenen Podcast so viele Inhalte erstellt haben, dass sie beim Schreiben nicht bei Null anfangen müssen, da Sie für das Schreiben eines Buchs Zeit brauchen. Die Tantiemen, die Sie von Ihrem Verlag erhalten, stehen dabei – gerade bei Fachbüchern und Ratgebern – nicht im Vordergrund, sondern die Wirkung auf Ihren Expertenstatus. Der Verlag hilft Ihnen in der Regel hinsichtlich Lektorat, Korrektorat, Buchsatz, Covergestaltung, ISBN-Nummer und Marketing und sorgt für den Zugang zum Buchhandel. Wenn Sie Ihr Buch in einem Verlag veröffentlichen, stehen Ihnen zudem die Türen zu zahlreichen traditionellen Publikums- und Fachmedien (Print, Radio, TV) offen. Das erreichen Sie mit einem selbst veröffentlichten Buch in den meisten Fällen nicht.

Abdrucke in den **traditionellen Publikums- und Fachmedien (Print, Radio, TV)** sind unzweifelhaft eine hervorragende – und dazu noch unabhängige – Referenz für Ihr Business. Berichte über Sie oder Ihr Business oder auch Statements von Ihnen zu Ihrem Thema machen Sie glaubhaft und zeigen Ihren Zielkunden, dass sie beim richtigen Anbieter sind, nämlich dem Anbieter mit dem besten Angebot, der so interessant ist, dass sogar die Medien über ihn oder sie schreiben. Mediennutzer vertrauen ihrer Publikation und damit auch denjenigen über die in den Medien berichtet wird. Abdrucke in den Medien sind manchmal der ausschlaggebende Punkt, einen möglichen in einen tatsächlichen Kunden zu verwandeln. So sollten Sie Medienberichte auch immer scannen und archivieren, um sie auch in Ihrer direkten Kundenkommunikation einzusetzen – beispielsweise, wenn Sie gerade ein Angebot versendet haben, der Kunde sich aber noch nicht entschieden hat.

Abdrucke in den traditionellen Medien zu erreichen, ist jedoch mit dauerhaftem Einsatz verbunden. Es reicht in den seltensten Fällen aus, eine Pressemeldung an einen Redakteur zu senden. Journalisten werden täglich mit Tausenden solcher Meldungen überhäuft. Wenn Sie dann noch keinen bekannten Namen haben, haben Sie so gut wie keine Chance. Zielführender ist es, wenn Sie Ihre Pressearbeit genau planen. Dazu schauen Sie sich die Medien, in denen Sie erscheinen wollen genau an, finden heraus, welche Rubriken es dort gibt, in die Sie hineinpassen könnten und welche Themen dort immer wieder besprochen werden. Fragen Sie sich dann, welche Aussagen Sie unterstützen können oder wo Sie – noch besser – eine Gegenposition einnehmen können. Haben Sie vielleicht einen ganz neuen Blickwinkel auf ein Trendthema oder eine Meinung, die kontrovers diskutiert werden kann? Haben Sie eine persönliche Geschichte oder ein persönliches Erlebnis, das ungewöhnlich ist und über das Sie Journalisten auf Sie aufmerksam machen können?

Journalisten haben das Ziel, die eigene Zielgruppe, nämlich die Leser, Hörer, Seher, zu informieren und zu unterhalten, um möglichst weiterhin viele bzw. bestenfalls zusätzliche Leser, Hörer und Zuschauer zu erhalten, damit das Medium weiterhin wirtschaftlich erfolgreich ist. Die Kunst ist es nun, der Journalistin Informationen bereit zu stellen, die sowohl für ihre Zielgruppe von Interesse sind und einen Wert liefert, als auch Ihr Business subtil platziert und zwar ohne in Werbebotschaften abzudriften. Die Medien wollen mit spannenden Geschichten unterhalten, daher ist es wichtig, Aufhänger zu finden, mit denen Sie Ihr Business in den Medien platzieren können. Spannender als Marken und Unternehmen sind für die Medien zudem die Menschen dahinter. Das ist eine gute Nachricht für Ihr Coaching-Business, denn das basiert vor allem auf Ihrer Persönlichkeit. Besonders interessant sind für Journalisten daher persönliche Geschichten, erfahrenes Wissen, starke Meinungen und Ihre Expertise. Persönliche Geschichten handeln dabei von Menschen, die Hindernisse überwinden mussten und Lösungen finden oder gefunden haben. Fragen Sie sich, welche Hindernisse Sie bereits überwunden und welche Lösungen Sie dazu gefunden haben. Wo haben Sie sich vielleicht zunächst geirrt, aber dann eine neue Erkenntnis gefunden? Wo haben Sie sich verändert, etwas Ungewöhnliches geschafft oder sich ungewöhnlich verhalten? In vielen Fällen werden Sie erkennen, dass der Grund für die Gründung Ihres Coaching-Business – also Ihre persönliche Geschichte dahinter – für die Medien interessant sein kann. Insbesondere natürlich für Ihre Lokalmedien.

Für Journalisten ist auch immer Ihr Wissen von Interesse. Dazu können Sie sich fragen, was andere von Ihnen lernen können, was Sie heute wissen, was Sie früher nicht wussten und was bei Ihnen anders läuft als bei anderen. Einige Beispiele helfen Ihnen dabei, Ihre eigenen Ideen zu entwickeln:

- Wie ich ohne Kredit mein Unternehmen auf sechsstellige Umsätze brachte.
- Wie ich es schaffe, erfolgreiche Unternehmerin und Mutter zu sein.
- Wie man ortsunabhängig arbeitet.
- Wie man zum Experten wird.
- Warum ich als digitaler Nomade nicht reise.
- Wie ich mich mit Rock-Konzerten vor dem Burn-Out bewahrt habe.

Kontroverse Meinungen sorgen immer für Reichweite und Auflagenstärke. Daher sind Journalisten immer daran interessiert, starke oder kontroverse Meinungen zu veröffentlichen. Starke Meinungen sind dabei provokativ und ungewöhnlich. Fragen Sie sich dazu, zu welchen Themen Sie starke Überzeugungen haben, die gerne auch der gängigen Meinung widersprechen? Warum verzichten Sie auf etwas, das alle machen? Warum widersprechen Sie einer gängigen These?

Ebenfalls interessant für die Medien ist Ihre Expertise. Welche Nische bedienen Sie? Wie können Sie Ihre Expertise in Schlagworte packen und wie können Sie klarstellen, dass diese Expertise dringend benötigt wird?

Anstatt jetzt eine Pressemeldung zu formulieren und langwierig zu lernen, wie Sie so etwas tun, machen Sie sich lieber die Mühe, den richtigen Ansprechpartner raus zu finden und ihm oder ihr eine persönliche E-Mail mit einem Themenvorschlag zu senden. Die meisten Journalisten lesen nur Pressemeldungen, wenn ein bekanntes Logo eines großen Unternehmens darauf zu finden ist. Da Sie das nicht vorzuweisen haben, versenden Sie lieber eine E-Mail mit Ihrem Themenvorschlag und einer ansprechenden Betreffzeile.

Ein guter Grund, um Journalisten zu kontaktieren, ist ein Thementag. Wenn Sie bei Google nach ›Aktions- und Thementage‹ suchen, finden Sie eine Liste, die beispielsweise den Tag der Hypnose, den Tag der Akzeptanz, den ›Alles-was-du-denkst-ist-falsch-Tag‹ und viele weitere Thementage beinhaltet, die Sie mit Ihrem Coaching-Business in Verbindung bringen können.

Gute Pressearbeit lebt von der Langfristigkeit. Wie überall im Geschäftsleben bringen auch hier einmalige Aktionen eventuell erste Erfolge, besser werden Sie aber erst durch Wiederholungen. Mit den Medien ist es wie mit Kunden. Je regelmäßiger sie von Ihnen hören, umso eher bleiben Sie im Gedächtnis. Wenn Sie sich zum ersten Mal in einer Redaktion melden, wird man Sie – da Sie ja ein interessantes Thema haben – gegebenenfalls bemerken, das heißt aber nicht, dass auch gleich ein Artikel über Sie oder Ihr Thema erscheint. Zeigen Sie aber Kontinuität, bauen Vertrauen auf und zeigen damit, dass Sie keine Eintagsfliege sind, kommt man mit der Zeit beispielsweise auch gerne mit Anfragen zu Kommentaren auf Sie zu.

Einfacher als einen Abdruck in den traditionellen Medien zu erwirken ist es oftmals, in Online-Medien zu erscheinen, da Online-Medien, also Online-Portale, Online-Videokanäle oder Podcasts in den meisten Fällen nicht durch eine Zahl gedruckter Seiten oder die Sendezeit begrenzt sind.

Für den Start empfehle ich Ihnen **Gastbeiträge** zu verfassen und **Podcast-Interviews** zu geben. Sowohl Podcaster als auch Blog- oder Online-Portal-Betreiber sind immer wieder auf der Suche nach interessanten Interviewpartnern und zusätzlichem Content. Ein Podcast-Interview ist genauso wie ein Gastbeitrag eine hervorragende Möglichkeit, Ihre Expertise in anderen Medien darzustellen und somit Ihren Expertenstatus zu bestätigen. Die Vorteile von Podcast-Interviews oder Gastbeiträgen liegen also klar auf der Hand:

- Sie nutzen die Tatsache, dass jemand anderes das Publikum aufgebaut hat. Die Leser oder Hörer sind also bereits da.
- Sie können sich auf Ihre Inhalte konzentrieren, die Verteilung wird erledigt.
- Google findet weitere Suchergebnisse zu Ihnen.
- Die Hörer oder Leser werden neugierig auf Sie und besuchen Ihre Website.
- Ein Interview oder ein Gastbeitrag ist natürlich eine kostenlose Werbeaktion.

Um Websites, Blogs und Podcast-Shows zu finden, denen Sie einen Gastbeitrag oder ein Interview anbieten können, nutzen Sie Google. Geben Sie Ihr Thema und den Zusatz ›Blog‹ oder ›Podcast‹ ein und machen Sie sich eine Liste mit den für Sie interessanten Ergebnissen. Dazu überprüfen Sie, ob die Website oder der Podcast sich einiger Beliebtheit erfreut, indem Sie kontrollieren, ob es Interaktion mit den Beiträgen gibt oder auf welchem Platz der Charts sich ein Podcast befindet. Bedenken Sie dabei, dass sich gerade die Podcast-Charts täglich ändern können. Schauen Sie sich sowohl die Website als auch den Podcast genau an und entwickeln Sie ein Gefühl dafür, an welchen Ihre Themen die Betreiber interessiert sein könnten. Welche Frage treibt die Zielgruppe des Anbieters um, die Sie beantworten können? Nehmen Sie sich Zeit für eine ordentliche Recherche, um sich von anderen Anfragen abzuheben. Zu jedem Gastbeitrag und zu jedem Podcast-Interview reichen Sie eine Kurzbiografie oder Profil und gegebenenfalls ein Foto ein, um dem Leser oder Hörer zu erklären, wer Sie sind und warum Sie auf dieser Website schreiben oder in diesem Podcast ein Interview gegeben haben. Außerdem natürlich, um es den Lesern oder Hörern zu ermöglichen, Sie im Netz zu finden und sich mit Ihnen zu verbinden.

Bezüglich des Fotos sollten Sie jenes verwenden, das Sie auch in Ihren Social-Media-Profilen benutzen, um die Wiedererkennung zu fördern. Das Profil sollte dann zwischen 50 und 100 Wörtern lang sein und knapp aber aussagekräftig aufzeigen, wer Sie sind, was Ihr Business und Ihre Expertise ist und wie die Leser oder Hörer Sie finden können. Selbstverständlich platzieren Sie dort auch den Link zu Ihrer Website. Wenn es der Anbieter erlaubt, können Sie zudem auch den Link zu Ihrem Lead Magnet veröffentlichen um auch darüber mehr Abonnenten für Ihren E-Mail-Verteiler zu gewinnen.

# Kapitel 6

## Online-Coaching und Online-Angebote

Online-Coaching und Online-Angebote wie Online-Kurse und Online-Trainings haben in den letzten Jahren dafür gesorgt, dass Coaching zu einem wahren Trend-Business geworden ist. Dies liegt sicherlich auch daran, dass jeder, der etwas Nützliches an andere weitergeben möchte, als Coach bezeichnet wird. Im nachfolgenden Kapitel erkläre ich Ihnen, warum Sie zunächst mit Online-Coaching starten sollten, bevor Sie darüber nachdenken, einen Online-Kurs oder Online-Training aufzusetzen.

# Online-Coaching

*»Im Online-Coaching [...] werden moderne IT-Technologie und Internetdienste für das Coaching genutzt. Dabei ersetzt oder ergänzt die Kommunikation über Internetdienste das persönliche Gespräch.« (coaching-magazin.de/themen/online-coaching [31.10.2019]).*

So definiert das Coaching Magazin ›Online-Coaching‹. Der Vorteil der virtuellen Zusammenarbeit besteht dabei für Ihr Business vor allem darin, dass Sie sofort eine extrem vergrößerte Zielkundenbasis haben. Anstatt darauf angewiesen zu sein, wen Sie rund um Ihren Wohn- bzw. Arbeitsort ansprechen und für Ihr Coaching gewinnen können, sind Sie mit Online-Coaching frei von Begrenzungen auf Grund großer Distanzen. Barrieren bestehen dann nur noch hinsichtlich Ihrer Sprachqualifikation und Ihres Angebot-Portfolios. Tatsächlich bin ich der Ansicht, dass in vielen Nischen erst durch das Online-Coaching überhaupt der Aufbau eines profitablen Coaching-Business möglich ist, denn erst mit einem steigenden Bekanntheitsgrad und Expertenstatus sind Ihre Zielkunden bereit, große Distanzen auf sich zu nehmen, um von Ihnen gecoacht zu werden. Das gilt besonders für jegliche Nischen im Life-Coaching. Doch auch für Business-Coaches bietet das Online-Coaching überragende Vorteile. Viele Coaches wünschen sich nämlich, nachdem lange Zeit viele Reisen zu Kunden durch die ganze Republik für ein profitables Coaching-Business nötig waren, mehr von zu Hause aus arbeiten zu können und gleichzeitig den Kundenstamm zu halten und sogar zu vergrößern. Auch darf man nicht vergessen, dass auch die Klienten durch das Online-Coaching davon profitieren, dass Sie das Coaching flexibler gestalten können. Selbst auf Dienstreisen oder bei einem längeren Auslandsaufenthalt, haben sie ›ihren‹ Coach immer dabei. Online-Coaching ist also eine wunderbare Möglichkeit, ortsunabhängig zu arbeiten und wird meiner Ansicht nach zudem in Zukunft der Normalzustand sein; das persönliche Treffen zum Coaching-Gespräch eher die Ausnahme. Persönlichen Coachings wird somit in Zukunft aber auch mehr Wert beigemessen werden.

Wie Sie bereits in den Kapiteln über die perfekten Coaching-Angebote gelernt haben, können Sie sowohl reine Online-Coaching-Pakete aufstellen wie auch Mischformen. Mein Premium-Coaching-Paket startet beispielsweise immer mit einem persönlichen Intensivtag bei mir. Danach finden die Sessions im etwa zweiwöchigen Rhythmus per Zoom – also virtuell – statt. Somit nutze ich die enorme Anfangsmotivation jedes Kunden, um gleich zum Start die Weichen auf Erfolg zu stellen, bleibe online dran und mache die Zusammenarbeit für beide Seiten gleichzeitig so einfach wie möglich.

#### MINDSET-MOMENT: COACHING GEHT NUR PERSÖNLICH

Immer wieder höre ich von vielen Coaches, dass ein echtes und intensives Coaching nur persönlich möglich ist. Ich möchte Sie dazu animieren, neu zu denken. Selbstverständlich ist ein persönliches Coaching von Angesicht zu Angesicht immer anders als eines über eine virtuelle Plattform. Dennoch wird Online-Coaching zum Standard werden, weil wir alle viel zu viel unterwegs sind und es uns sowieso schon schwerfällt, Zeit in uns selbst zu investieren, die wir oftmals gar nicht haben. Online-Coaching macht es Ihren Zielkunden leichter, mit Ihnen zu arbeiten. Gleichzeitig macht es Ihr persönliches Coaching – das Sie natürlich gern weiterhin anbieten dürfen und sollen – wertvoller. Ich gehöre auch online nicht zu den Billiganbietern, aber meine persönlichen Angebote – sofern es welche gibt – haben einen wahren Premium-Preis. Die persönliche Zusammenarbeit mit mir ist selten und somit um ein Vielfaches wertvoller. Diese Tatsache sollten Sie ebenfalls für sich selbst nutzen.

## Technische Voraussetzungen

Um online zu coachen, reicht es im ersten Schritt einen Dienst wie Skype oder Zoom zu nutzen. Über diese Dienste können Sie Ihre Coaching-Sitzungen aufzeichnen und Ihren Kunden im Nachhinein zur Verfügung stellen. Recht schnell werden Sie jedoch feststellen, dass es weitere Online-Plattformen gibt, die Ihnen das online Coachen erleichtern. Zum Zeitpunkt des Verfassen dieses Buches sind vor allem zwei Coaching-Plattformen zu nennen. Zum einen die CAI® World und zum anderen CleverMemo.

Die CAI® World ist eine Plattform im Internet, die geschützte Räume, Kommunikationsmittel und Coaching-Werkzeuge zur Verfügung stellt. Coach und Coachee brauchen lediglich einen Browser, um sich über die CAI® World zur Coaching-Session zu treffen.

CleverMemo positioniert sich als Online-Plattform, die die Nachhaltigkeit von Coachings sichert. Auch über CleverMemo ist die Zusammenkunft mit Ihrem Coachee sehr einfach. Zudem ist der Coaching-Verlauf jederzeit auf einen Blick ersichtlich.

Über beide Plattformen können Sie Ihren Coachees zwischen den Sitzungen vor- und nachbereitende Übungen oder Aufgaben zukommen lassen und Methoden nutzen, die beide Plattformen zur Verfügung stellen. Sie können jede Sitzung auf Knopfdruck dokumentieren und haben verschiedene Möglichkeiten, Ihren Coachee zum Dranbleiben zu bewegen und sichern somit den Erfolg Ihres Coachings.

# Online-Angebote

Ideale Online-Angebote für Coaches sind Online-Kurse, Online-Trainings und Online-Gruppen-Coachings. Dabei eignet sich nicht jedes Angebotsformat für jede Nische. Zunächst gilt es zu definieren, welche Unterschiede es gibt.

Unter einem *Online-Kurs* verstehe ich Angebote die vorgefertigt sind, wenig bis gar keine persönliche Betreuung Ihrerseits benötigen und somit einen günstigen Preis haben. Man könnte diese Art der Online-Zusammenarbeit auch ›Selbstlernkurs‹ nennen. Selbstlernkurse bieten sich vor allem für Themen an, bei denen es möglich ist, eine Lösung selbst zu erarbeiten und ein konkretes Ergebnis zu erhalten. Preise für Selbstlernkurse liegen oftmals im niedrigen dreistelligen Bereich.

Im Unterschied dazu sind *Online-Trainings* für mich Angebote mit unterschiedlichen Feedback-Möglichkeiten, wie beispielsweise regelmäßigen Telefonkonferenzen oder einer Facebook-Gruppe, um Fragen zu klären und Hilfestellung bei der Umsetzung zu leisten. Preise für Online-Trainings gehen bis in den mehrfach vierstelligen Bereich.

*Online-Gruppen-Coachings* wiederum legen den Fokus auf die regelmäßigen virtuellen Gruppen-Treffen und beinhalten neben den Leistungen in der Gruppe oftmals auch eine 1:1 Betreuung durch Sie als Coach. Preise können hier bis in den niedrigen fünfstelligen Bereich gehen.

Eine Sonderform wäre zudem die sogenannte ›*Mastermind-Gruppe*‹. Das Konzept wurde bereits zu Beginn des 20. Jahrhunderts von Napoleon Hill in seinem Buch ›Denke nach und werde reich‹ eingeführt. Er definiert die Mastermind-Gruppe als ›Koordination von Wissen und Engagement im Geist der Harmonie zwischen zwei oder mehr Menschen, um ein bestimmtes Ziel zu erreichen‹ (Hill 2019, S. 216).

Aus diesem Konzept hat sich in der Coaching-Branche die bezahlte Mastermind-Gruppe entwickelt, die von einem erfahrenen Coach angeleitet wird, der gleichzeitig dafür sorgt, dass die Mitglieder der Gruppe sich so gut miteinander ergänzen, dass die Teilnehmer individuelle Fortschritte machen.

Mischformen aus Online-Kurs, Online-Training und Online-Gruppen-Coaching sind selbstverständlich möglich. Nachfolgend werde ich von Online-Angeboten sprechen, was alle Formen beinhaltet, sofern nicht anders angegeben.

Online-Angebote sind eine hervorragende Möglichkeit, um Ihr Business zu skalieren. Skalierung heißt dabei, dass Ihr Business unabhängig von Ihrem Zeiteinsatz wächst. Gegebenenfalls haben Sie bereits die ersten Erfahrungen mit Online-Coaching durch den Verkauf Ihrer Premium-Pakete gesammelt, in deren Rahmen Sie Coachings über Skype, Zoom oder andere virtuelle Plattformen abgehalten haben. Nun geht es darum, dieses Online-Coaching mehr als einer Person anzubieten.

In der Vergangenheit haben Coaches ihr Business vor allem über das Anbieten von Seminaren, Workshops oder persönlichen Gruppen-Coachings skaliert. Das ist selbstverständlich auch heute noch möglich, allerdings wesentlich schwieriger als Ihr Business online wachsen zu lassen, da Sie mit Online-Angeboten nicht an Ort und Zeit gebunden sind. Ihre Zielkunden können jederzeit starten, es fallen keine zusätzlichen Reisekosten an und Sie haben weniger Streuverluste, weil Ihr Workshop in Hamburg stattfindet, Ihr Interessent aber in München sitzt. Online-Gruppen-Coachings, Online-Kurse und -Trainings versprechen also weitgehende Zeitunabhängigkeit bei gleichzeitig passivem Einkommen.

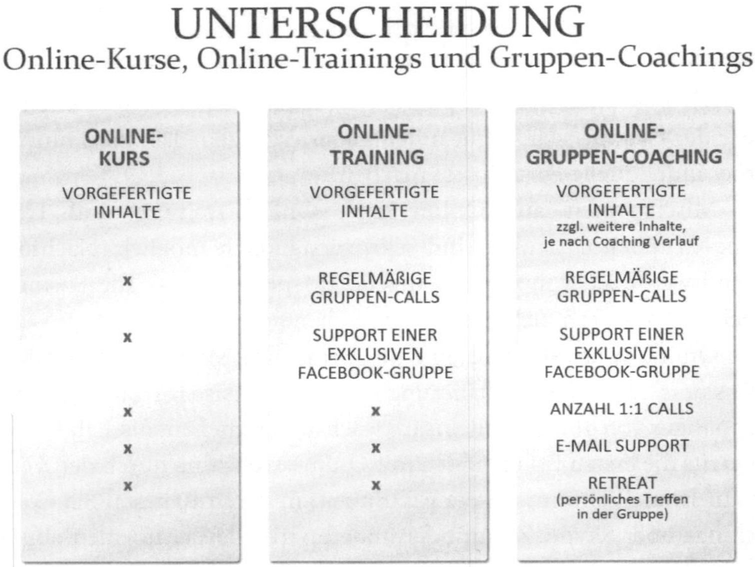


Unterschiedliche Abstufungen der Inhalte von Online-Kursen, Online-Trainings, Online-Gruppen-Coachings

Eine kleine Vorwarnung vorab: Ganz so leicht, wie es sich vielleicht auf den ersten Blick anhört, ist es nicht damit als Coach erfolgreich zu sein, denn genau wie Sie selbst, brauchen auch Online-Gruppen-Coachings, Online-Kurse und -Trainings ein klares Ziel, ein attraktives Ergebnis und eine eindeutige Positionierung. Dennoch: Mittlerweile bestehen über 80 % meiner Einkünfte aus dem Verkauf von Online-Angeboten. Ohne meine Online-Coaching-Angebote wäre mein Business nicht so schnell gewachsen wie es gewachsen ist, denn mit zwei Kleinkindern ist mein Zeiteinsatz oftmals begrenzt.

## Vorteile der Online-Angebote

Neben dem möglichen passiven Einkommen und der gesteigerten Unabhängigkeit von Ort und Zeit, gibt es weitere Vorteile von Online-Angeboten. Auch Online-Angebote positionieren Sie als Experten oder Expertin in Ihrer Nische, denn sie liegen zwar bereits seit einigen Jahren im Trend, dennoch gibt es noch nicht allzu viele Anbieter. Insbesondere kleinere Online-Kurse haben eine ähnliche Wirkung wie bei einem Buch: Eine Möglichkeit, um Ihre Expertise kennen zu lernen, zu einem meist günstigeren Preis als es kosten würde, mit Ihnen 1:1 zu arbeiten. Kleinere Online-Kurse sorgen ähnlich wie Bücher auch dafür, dass Sie eine größere Reichweite für Ihre Angebote erzielen und Menschen ansprechen, die Sie vorher noch nicht kannten. Das heißt jedoch nicht, dass Online-Angebote stets günstiger als Ihre 1:1 Premium-Pakete sein müssen. Sie können sich genauso dafür entscheiden, beispielsweise nur noch online zu coachen und auch Ihre Premium-Pakete fernmündlich abhalten, ohne dass Sie dazu Preisnachlässe geben müssten.

MINDSET-MOMENT: ALLES WAS ONLINE IST, IST BILLIGER

Diesen Denkfehler erlebe ich immer wieder. Coaches, die Ihr Business mit Online-Angeboten anreichern, machen diese automatisch günstiger als wenn Sie live und in Farbe mit Ihren Kunden arbeiten. Das ist jedoch nicht notwendig. Machen Sie sich klar, dass heutzutage vor allem der Faktor Zeit ausschlaggebend ist, ob jemand mit Ihnen arbeitet oder nicht. Es ist für Ihre Kunden sehr viel wert, wenn sie nicht dreimal im Monat durch die halbe Stadt fahren müssen, um an einem Coaching mit Ihnen teilzunehmen. Besonders dann nicht, wenn sie gemeinsam gerade an schwierigen Themen arbeiten. Es kommt nicht darauf an, ob die Zusammenarbeit online oder offline stattfindet. Viel wichtiger ist die Intensität der Zusammenarbeit.

## Was Ihr Online-Angebot können sollte

Damit sich Ihr Online-Angebot hervorragend verkauft, sollte es einige Voraussetzungen erfüllen. Es sollte:

- ein konkretes Problem bzw. eine konkrete Herausforderung lösen oder ein tiefes Bedürfnis befriedigen in Form eines Systems, eines Prozesses, einer Schritt-für-Schritt-Anleitung, einer Blaupause oder eines genauen Plans etc. (keine losen Inhaltssammlungen).
- eine ganz klare Zielgruppe ansprechen.
- Ergebnisse liefern.

Haben Sie mit dem Thema Ihres Online-Angebots also bereits Ergebnisse erzielt (gern aus Ihrer 1:1-Arbeit mit Ihren Kunden)? Gibt es bereits andere Kurse oder Trainings (beispielsweise auch offline) zu Ihrem Thema? Können Sie herausfinden, was die Teilnehmer über diese Online-Angebote sagen? Was finden sie gut und was nicht? Sie müssen nicht der erste bei Ihrem Thema sein. Im Gegenteil: Es ist immer gut Wettbewerb zu haben, denn dann gibt es auch einen Markt. Gibt es Bücher zu Ihrem Thema? Aus jedem Buch könnten Sie – unter Wahrung der Rechte des Autors – einen Selbstlern-Kurs entwickeln. Und dieser Selbstlern-Kurs kann aufgewertet und zu einem Online-Training oder zu einem Online-Gruppen-Coaching werden. Selbstverständlich dürfen Sie die Inhalte aus diesem Buch nicht einfach plagiieren. Dennoch geben Bücher gute Hinweise auf Themen, aus denen sich ein Online-Angebot entwickeln lässt. Schauen Sie sich an, ob es zu diesen Büchern Bewertungen gab. Wurden vielleicht sogar Kommentare abgegeben, was der Autor hätte besser machen können?

## Positionierung von Online-Angeboten

Genau wie Ihre Premium-Pakete müssen Sie auch Ihre Online-Angebote positionieren; auch hier bringen Sie Ihre Zielkunden von einem Ist-Zustand A zu einem Zielzustand B. Momentan steht Ihr Zielkunde also vor einer ganz speziellen Herausforderung, die Sie mit Ihrem Online-Angebot lösen können. Eine unmissverständliche Positionierung ist dabei vor allem für kleinere Online-Kurse wichtig, da Sie diese überwiegend online verkaufen. Online haben Sie immer nur sehr wenig Zeit, um die Aufmerksamkeit Ihrer Zielkunden zu gewinnen und zu halten. Daher ist es für Online-Kurse wichtig, genau auf den Punkt zu bringen, was sie bieten. Online-Kurse, die sich schlecht verkaufen tun dies meist, weil sie:

- Features bieten. Sie bieten viele Stunden Kursmaterial und Checklisten – das will niemand kaufen.
- den Schmerzpunkt – den ›Kittel-Brenn-Faktor‹ – der Zielkunden nicht genau ansprechen.

## Marketing für Online-Angebote

Für Online-Angebote ist es wichtig nicht nur durchschnittliches, sondern großartiges Marketing zu betreiben. Je mehr Sie über Online-Kanäle verkaufen, umso deutlicher müssen Sie kommunizieren, denn die Aufmerksamkeit eines Internet-Surfers wird durch die Vielzahl an Angeboten stets abgelenkt. Durchschnittliches Marketing zeigt den Zielkunden ›nur‹, was Sie bieten. Großartiges Marketing zeigt den Zielkunden, wie sie sich hinterher fühlen, wie ihr durchschnittlicher Tag durch die Dienstleistung verbessert wird und wie sich ihr Status dadurch erhöht. Produkte und Dienstleistungen werden auch deshalb gekauft, weil sie den eigenen Status erhöhen. Wenn also jemand zum Beispiel ein iPhone kauft, dann auch immer, weil er dadurch als Vorreiter, modern, zu einer bestimmten Menschengruppe dazugehörig wahrgenommen werden will. Bei Dienstleistungen gilt das analog: Wir gönnen sie uns, weil wir uns dann cleverer, reifer, entwickelter, glücklicher, usw. fühlen und unseren Status gegenüber unseren Mitmenschen erhöhen. Dies muss Ihr Marketing für Online-Angebote vermitteln können.

Welchen Weg Sie für den Verkauf Ihrer Online-Angebote nutzen, definiert sich durch den Preis Ihres Kurses, Trainings oder Gruppen-Coachings. Je höher der Preis ist, umso eher werden Sie ein telefonisches Erstgespräch einsetzen.

## Preisfestlegung bei Online-Angeboten

Um am Ende den Preis für Ihre Online-Angebote festzulegen, müssen Sie zunächst festlegen, welche Rahmenbedingungen Ihr Online-Angebot hat.

Am entscheidendsten für den Preis ist – genau wie bei Premium-Paketen auch – Ihr **Ergebnis**, bzw. wie Ihr Zielkunde dieses Ergebnis bewertet. Doch nicht nur das Ergebnis selbst, sondern zudem auch die Frage, wie lange es dauern wird, bis ein Teilnehmer dieses Ergebnis erzielt, ist entscheidend. Das ist im ersten Schritt ziemlich theoretisch, denn Sie können im Normalfall nicht wissen, wie viel Zeit sich jemand für die Bearbeitung Ihres Online-Angebots nimmt. Fragen Sie sich dennoch, was im besten Fall möglich wäre und je schneller Ihr Teilnehmer das Ziel erreicht, umso besser. Wie lange würde also eine Teilnehmerin benötigen, wenn sie Vollgas gibt und alles Schritt für Schritt umsetzt? Wann hätte sie das Ziel erreicht? Hier gilt es realistisch zu sein, aber dennoch die Begeisterung in Ihren künftigen Teilnehmern zu wecken. Wenn Sie bereits bestätigte Ergebnisse von Kunden haben – also sogenannte Testimonials – ist das die beste Verkaufs-Argumentation.

Als nächstes sollten Sie die gängigen **Marktpreise** überprüfen. Zum Zeitpunkt des Verfassens dieses Buches liegen Selbstlernkurse häufig zwischen 49 und 299 Euro. Begleitete online Trainings starten meist bei 1000 Euro, kosten aber gern auch 2000 Euro. Und intensive Online-Gruppen-Coachings gibt es auch für mittlere vierstellige bis niedrige fünfstellige Summen. Beachten Sie hier bitte, dass sich solche Preislevel jederzeit ändern können.

Zudem ordnen Sie auch Ihr Online-Angebot in Ihr aktuelles **Produkt-Portfolio** ein. Steht es eher am unteren Ende, weil Sie damit mehr Zielkunden einen Einblick in Ihre Arbeit gewähren wollen oder ist Ihr Online-Angebot Ihr absolutes Premium-Paket?

Hilfreich ist es auch, Ihre **Umsatzziele** zu bewerten und festzulegen, was Sie sich von Ihrem Online-Angebot erwarten.

Entscheidend für die Preisfestlegung ist zudem, in welcher Form Sie die **Inhalte** Ihres Online-Angebots zur Verfügung stellen. Stehen diese in einem professionellen geschlossenen Mitgliederbereich? Sind Sie darüber hinaus zum Download verfügbar? Können Ihre Teilnehmer sie herunterladen und unterwegs bearbeiten oder müssen sie dazu immer am Rechner sitzen? Bieten Sie zudem Boni an? Gibt es Boni, die bewirken, dass Ihre Teilnehmer das Ziel schneller oder einfacher erreichen? Beispielsweise ist eine geschlossene Facebook-Gruppe, in der nur Ihre Teilnehmer sind, ein hervorragender Bonus. Hier können sich Ihre Teilnehmer gegenseitig unterstützen und auf ihrem gemeinsamen Weg austauschen und motivieren. Wie lange werden Ihre Teilnehmer zudem Zugriff auf Ihre Inhalte haben? So lange es das Angebot gibt oder über einen begrenzten Zeitraum? Auch diese Entscheidung hat Auswirkung auf Ihren Preis.

Je nachdem wie intensiv die **persönliche Unterstützung** durch Sie ist, legen Sie als nächstes fest, ob Sie eher einen Online-Kurs, ein Online-Training oder ein Online-Gruppen-Coaching anbieten. Hier geht es also darum zu entscheiden, ob Sie ein betreutes Training, ein intensiv-betreutes Gruppen-Coaching oder einen völlig autonomen Selbstlern-Kurs anbieten wollen. Um diese Entscheidung treffen zu können, sollten Sie zunächst entscheiden, welche Verkaufswege Sie nutzen wollen. Viele träumen vom passiven Einkommen und einem automatisierten Verkaufskanal, über den sich ein Selbstlernkurs völlig ohne Ihr Zutun verkauft. Das ist leider in vielen Coaching-Nischen oftmals ein Wunschtraum. Viele Nischen sind bereits besetzt und um einen kleineren Selbstlernkurs automatisch zu verkaufen, müssen Sie entweder selbst zum absoluten Online-Marketing-Experten werden oder sich die Dienste eines solchen sichern. Wenn Sie mit einem kleineren Selbstlernkurs starten wollen, sollten Sie im Anschluss immer das Ziel haben, den Teilnehmern dieses Kurses ein größeres Online-Angebot zu verkaufen, gern ein 1:1 Premium-Paket oder ein Online-Gruppen-Coaching.

Wirtschaftlich attraktiver kann es sein, betreute Trainings oder Gruppen-Coachings anzubieten und diese über das persönliche Erstgespräch zu verkaufen. Dazu können Sie selbstverständlich alle Verkaufsmethoden nutzen, die Sie bisher in diesem Buch kennengelernt haben.

Legen Sie im nächsten Schritt fest, wie lange Ihr Support dauern wird und ob er eine Hol- oder Bringschuld ist. Bei Online-Trainings, die preislich oftmals zwischen 1000 und 2000 Euro liegen, ist der Support oftmals eine Holschuld. Das heißt Sie bieten beispielsweise regelmäßige Konferenz-Calls an, um Fragen zu klären, aber es liegt an Ihren Teilnehmern, ob sie diese Gelegenheit nutzen wollen. Bei intensiveren Online-Gruppen-Coachings sollten Sie bestenfalls darauf bestehen, dass Ihre Teilnehmer bei allen Gruppen-Meetings dabei sind.

Bei Online-Trainings und Online-Kursen sollten Sie zudem über eine **Garantie** nachdenken. Besonders am Start macht das absolut Sinn, denn wenn Sie keine Garantie bieten, werden Sie weniger verkaufen. Eine Möglichkeit ist, eine 14- oder 30-Tage Geld-zurück-Garantie zu bieten und Ihren Teilnehmern somit einen Einblick in Ihr Training oder Ihren Kurs zu bieten. In dieser Zeit müssen Sie selbstverständlich noch nicht alle Ihre Inhalte zugänglich gemacht haben. Sie sollten Ihren Teilnehmern aber ermöglichen zu bewerten, ob Ihr Angebot das Richtige für sie ist. Möglich ist zudem auch eine Garantie mit Bedingung. Hier bieten Sie an, dass Ihre Teilnehmer Ihr Angebot zurückgeben können, wenn Sie nachweisen, dass sie damit keinerlei Veränderung erreichen, beispielsweise durch das Einreichen von Arbeitsblättern. Klar ist aber: Je schwieriger es ist, ein Training oder einen Kurs zurückzugeben, umso weniger werden Sie zumindest beim Start verkaufen. Oftmals ist eine Rückgabeanfrage auch einfach nur ein Zeichen, dass ein Teilnehmer sich etwas mehr Unterstützung wünscht. Es lohnt sich, hier nachzuhaken.

Eine Strategie, die zudem überlegenswert ist, ist die Strategie der **mehrstufigen Preise**. Sie können Ihr Online-Training beispielsweise auch als Online-Kurs – also in einer Selbstlern-Variante – für einen günstigeren Preis anbieten. Gängig ist sogar bereits ein dreistufiges Angebot: Selbstlernversion, Trainings-Version mit Betreuung und intensive Gruppen-Coaching-Version inklusive 1:1 Betreuung.

Genauso wie bei Ihren Premium-Paketen ist auch bei Ihren Online-Angeboten wichtig, eine **Ratenzahlung** anzubieten. Auch bei einem Kurspreis von unter 300 Euro ist die Ratenzahlung nicht zu unterschätzen, denn auch in diesem Preissegment wissen viele es zu schätzen, wenn ihre Liquidität nicht allzu sehr beansprucht wird. Die Ratenzahlung sollte auch bei Online-Angeboten immer teurer sein als die Einmalzahlung. Sie wollen Ihrem Zielkunden zum einen die Einmalzahlung schmackhaft machen und zum anderen ist es betriebswirtschaftlich nun mal mehr Wert, das Geld sofort in der Tasche zu haben (wo es Ihnen zumindest theoretisch heute schon Zinsen bringen würde, bzw. Sie schon heute damit arbeiten können) als erst in einem oder zwei Monaten.

# Online-Angebote effektiv erstellen und verkaufen

Genau wie Sie bei Ihrem Einstieg ins Coaching-Business nicht mit dem Verkauf von Einzelstunden starten sollten, sollten Sie sich auch beim Eintritt ins Online-Coaching-Business nicht ins stille Kämmerlein zurückziehen und über Monate hinweg einen Online-Kurs konzipieren und erstellen, ohne zu wissen, ob dieser nach Erstellung eine Zielgruppe findet. Weit effektiver ist es, diese in Zusammenarbeit mit Ihren Kunden zu tun. Sie starten also damit Kunden für Ihre 1:1 Premium-Pakete zu gewinnen und drehen im Rahmen dieser Zusammenarbeit erste Inhalte für Ihre Online-Angebote ab. Der Vorteil davon ist, dass Sie Ihr Online-Angebot nicht am Markt vorbei entwickeln und unmittelbares Feedback von Ihren Kunden dazu einholen können.

## Voraussetzungen

Ihr Online-Angebot kann selbstverständlich aus vielfältigen Inhalten bestehen. Es kann Text, Videos oder Audio-Dateien beinhalten und mit Arbeitsblättern angereichert sein. Während Sie sicherlich keine Schwierigkeiten mit der Erstellung von Text-Dokumenten haben, sind Trainings-Videos – also Tutorials – oder Audio-Dateien für viele sicher ungewohnt.

Für Audio-Dateien können Sie – genau wie beim Abdrehen von Podcasts – eine Software wie Audacity nutzen. Um eine gute Tonqualität zu erzielen, nutzen Sie ein Kondensatormikrofon mit Popschutz.

Um Bildschirmaufnahmen zu machen, gibt es Software-Lösungen wie ScreenFlow für Mac oder Camtasia für PC-Nutzer. Damit können Sie Ihren Bildschirm – also beispielsweise eine Powerpoint-Präsentation – abfilmen und dazu Ihre Erläuterungen einsprechen. Am Ende wird daraus ein Tutorial-Video.

Um Ihre Inhalte zu schützen und sie tatsächlich nur Ihren Teilnehmern zur Verfügung zu stellen, können Sie Komplettanbieter wie Elopage, Coachy, Spreadmind oder Teachable nutzen oder ein Wordpress-Plug-In wie DigiMember einsetzen.

Einige Komplettanbieter haben die Zahlungsabwicklung bereits integriert, andere brauchen einen separaten Zahlungsabwickler wie Digistore24 oder Affilicon. Einen Überblick über die notwendigen Online-Tools können Sie hier herunterladen (coaching-business-mastery.de/buchdownloads).

## Selbstlernkurse

Selbstlernkurse bis zu einem Preis von 300 Euro können Sie – je nach Nische – gegebenenfalls komplett automatisiert verkaufen. Mögliche Verkaufswege (englisch auch: ›Funnel‹) dazu, sehen wie folgt aus:

1) DER AUTOMATISIERTE FUNNEL MIT LEAD MAGNET, TRIPWIRE UND KURSANGEBOT: Bei den automatisierten Verkaufskanälen ist der Start jeweils ein Lead Magnet, der die Neugierde Ihrer Zielkunden weckt. Recht schnell darauf machen Sie Ihren Zielkunden ein erstes kleines Angebot. Dieses Angebot nennt man in der Online-Welt ›Tripwire‹ (englisch: Stolperdraht). Ihr Zielkunde ›stolpert‹ also über eine erste kleine Lösung, die Sie ihm für seine Herausforderung bieten. Diese Lösung sollte nicht mehr als 20 Euro kosten. Der Gedanke dahinter ist, dass es leichter ist, jemanden der schon einmal etwas bei Ihnen gekauft hat, zum Wiederkäufer zu machen.

Zudem hat der Tripwire die Funktion, Ihre Anzeigenkosten zu refinanzieren, wenn Sie bezahlten Traffic über Anzeigen auf Ihren Lead Magnet schicken. Es ist also nicht dazu da, Geld zu verdienen, sondern Kosten zu vermeiden und neue (Kontakt-)Daten zum Nulltarif zu gewinnen. Erst danach bieten Sie Ihren Selbstlernkurs an. Bei diesem Funnel ist es wichtig, dass Lead Magnet, Tripwire und Kurs sinnvoll aufeinander abgestimmt sind. Der Tripwire kann beispielsweise ein Teil aus dem Kurs sein, der für sich stehen kann und gleichzeitig Lust auf mehr macht.

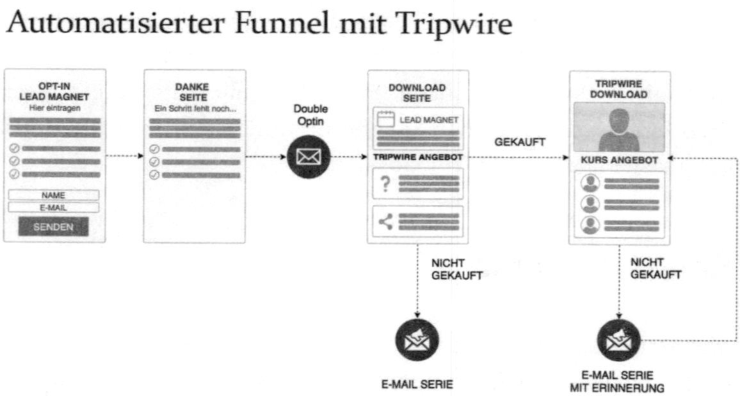


Automatisierter Funnel mit Lead Magnet, Tripwire und Kursangebot

2) DER AUTOMATISIERTE FUNNEL MIT LEAD MAGNET UND E-MAIL-SERIE ZUM KURSANGEBOT: Nicht immer ist es in der Coaching-Branche möglich, ein solches Tripwire anzubieten, weshalb oftmals auch ein Funnel vom Lead Magnet direkt auf den Selbstlernkurs Sinn machen kann.

## Automatisierter Funnel ohne Tripwire

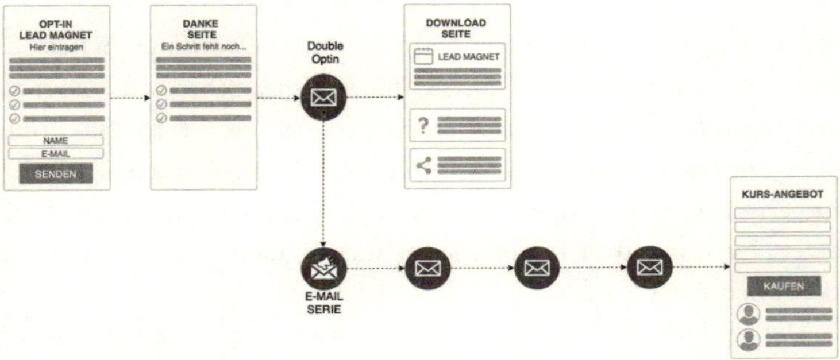


Automatisierter Funnel mit Lead Magnet und E-Mail-Serie auf Kursangebot

3) WEBINAR: Auch ein Webinar mit nachfolgender E-Mail-Serie funktioniert für den Verkauf Ihres Selbstlernkurses. Bedenken Sie dazu jedoch, dass Sie bei diesem niedrigen Preis eine möglichst hohe Teilnehmerzahl in Ihrem Webinar haben sollten. Eine marktübliche Kaufrate bei Online-Kursen und Trainings liegt – je nach Preis – bei 3 bis 5 %.

## Verkauf über Webinar

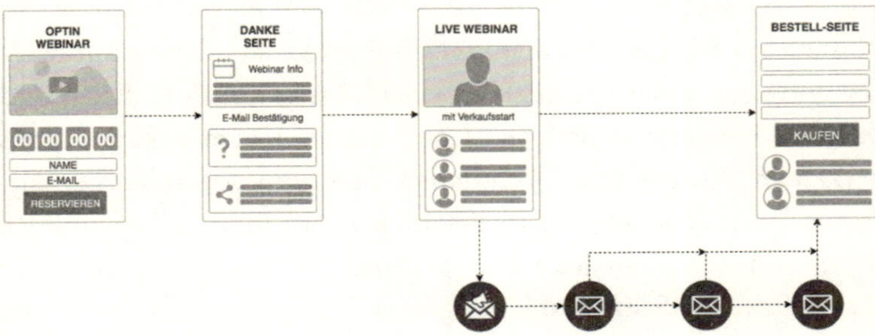


Verkauf von Online-Angeboten über Webinare

## Online-Trainings

Für den Verkauf von höherpreisigen Online-Trainings bietet sich am Start ein sogenannter Launch an. Der Unterschied zu einem automatisierten Funnel besteht darin, dass Sie die Verkaufsaktionen mehr oder weniger live durchführen und dadurch wertvolle Erfahrungen sammeln. Zudem können Sie bei einem Launch eine Frist setzen, bis wann Ihre Teilnehmer gebucht haben müssen und somit Knappheit erzeugen.

Der einfachste Weg, um Online-Trainings zu verkaufen ist ein Webinar mit anschließender E-Mail-Verkaufsserie. Wenn Sie ungern Webinare halten, bietet sich auch eine dreiteilige Video-Trainingsserie an. Mit diesen Verkaufsaktionen können Sie sich oftmals das persönliche Erstgespräch sparen. Beim Verkauf von Online-Gruppen-Coachings, die einen nochmals höheren Preis haben, sollten Sie unbedingt über das Erstgespräch verkaufen.

### VERKAUF ÜBER WEBINARE

Der wohl einfachste Verkaufsweg für Online-Angebote aller Art sind wie gesagt Webinare mit anschließender E-Mail-Verkaufsserie. Sie können am Ende sowohl den Link zu Ihrer Kurs- oder Trainingsanmeldung anpreisen wie auch zu einem Erstgespräch einladen und darüber Ihr Online-Gruppen-Coaching zu einem höheren Preis verkaufen. Wichtig ist bei Webinaren, dass Sie – genau wie bei Vorträgen – nicht zu viele Inhalte liefern, sondern Ihr Angebot im Blick haben. Am besten stellen Sie im Webinar Ihr Programm vor – also Ihre Schritt-für-Schritt-Anleitung zum Ziel. Sie untermauern Ihren Expertenstatus, zeigen, dass Sie Ergebnisse liefern und stellen Ihr Angebot als Lösung für die angesprochene Herausforderung vor. Wenn Sie im Webinar einen Kurs oder ein Training über einen Link verkaufen, ist es zudem wichtig, dass Sie bereits den Preis nennen und diesen für die Webinar-Teilnehmer ›bewertbar‹ machen. Einen Preis müssen Sie im Webinar immer in einen Bezugsrahmen setzen, besonders, wenn Sie ein Training für bis zu 2.000 Euro verkaufen. In diesem Fall sprechen Sie darüber, was es kosten würde, mit Ihnen 1:1 zusammen zu arbeiten und was Ihre Teilnehmerin spart, wenn sie stattdessen an Ihrem Online-Training teilnimmt und natürlich welchen Nutzen die Teilnehmerin in ihrem Alltag hat, wenn sie Ihr Training in Anspruch nimmt.

### VERKAUF ÜBER DREITEILIGE VIDEO-TRAININGSSERIE

Dieser Verkaufsweg für Ihr Online-Training passt vor allem dann für Sie, wenn Sie bereits eine kleine E-Mail-Liste aufgebaut haben und Ihre Abonnenten seit einiger Zeit mit guten Inhalten betreuen. Das Konzept dahinter stammt nicht von mir, sondern von Jeff Walker aus den USA, der dieses Konzept mit Namen ›Product Launch Formula‹ sehr erfolgreich verkauft hat. Es basiert auf der Annahme, dass es Ihre Zielkunden mehr anspricht Ihr Online-Training zu kaufen, wenn Sie ihnen nicht eine einzige ellenlange Verkaufs-Webseite mit allen Vorteilen zeigen, sondern diesen ›Sales-Letter‹ in eine dreiteilige Videotrainingsserie verpacken und somit Ihre Zielkunden Schritt für Schritt an Ihr Training heranführen. Sie bieten Ihrem Zielkunden damit bereits vor dem Kauf sehr viel Mehrwert, denn die dreiteilige Videoserie ist nichts anderes als ein kostenloses Videotraining. In diesen drei Videos machen Sie auch keinerlei Angebot, sondern bieten zunächst einmal nur Mehrwert. Erst im Bonus-Video 4 folgt dann Ihr Angebot der Teilnahme am Online-Training.

Verkauf über Video-Training

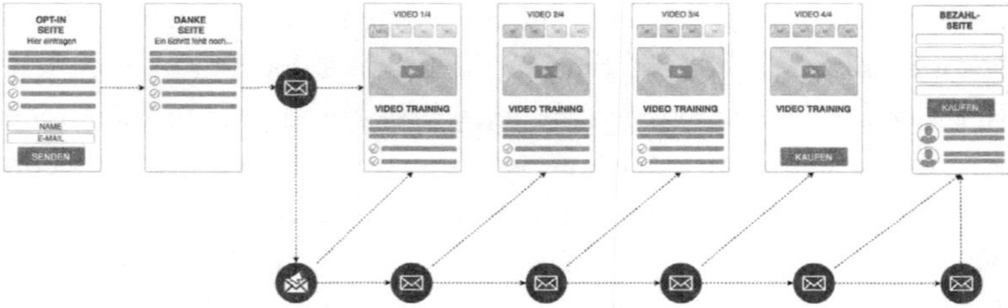


Verkauf von Online-Angeboten über mehrteiliges Videotraining

Der Verkauf des Online-Trainings startet mit der Veröffentlichung Ihres Bonus-Videos, also dem Video vier. Die nachfolgende E-Mail-Serie ist dann dazu da, Ihre Interessenten mehrfach an den Kauf zu erinnern und zu informieren, wann die Buchungsfrist für Ihr Training ausläuft. In der Videotrainingsserie sprechen Sie idealerweise drei Probleme an, die Sie in den Videos auch gleich theoretisch lösen. Sie liefern also dreimal Problem und Lösung, um dann in Ihrem Verkaufsvideo die größte Herausforderung anzusprechen, die Sie mit Ihrem Online-Training lösen.

Um die Verkäufe anzukurbeln, können Sie mit einem Schnell-Entscheider-Bonus oder -Rabatt arbeiten. Dann werden die Buchungen vor allem zum Start eingehen. Zusätzlich informieren Sie darüber, dass die Buchungsfrist ausläuft. Auch zu dieser Frist werden Sie vermehrte Buchungen verzeichnen. Typischerweise dauert die Buchungsphase zwischen fünf und zehn Tage. Für den Start können Sie die Buchungsphase eher zehn als fünf Tage dauern lassen, dann haben Sie mehr Möglichkeiten, flexibel darauf zu reagieren, wenn die Verkäufe noch nicht in dem Ausmaß eintreten, wie Sie es sich wünschen. Die Verkaufsphase sollte jedoch nicht länger als zehn Tage dauern, ansonsten verlieren Sie das Momentum.

## Online-Gruppen-Coachings

Online-Gruppen-Coachings sind ein weiterer attraktiver Weg für Coaches, das eigene Business zu skalieren. Sie arbeiten darüber ortsunabhängig mit mehreren Ihrer Kunden zur gleichen Zeit zu einem Premium-Preis.

Tatsächlich sollte es als Coach nicht Ihr Ziel sein, komplett ausgebucht zu sein. Ich bin fest davon überzeugt, dass Sie genügend Zeit für Ihre eigene Weiterentwicklung und die Weiterentwicklung Ihres Business brauchen, um als Coach jederzeit hervorragende Arbeit zu leisten. Mit einem Online-Gruppen-Coaching-Programm maximieren Sie Ihren Einfluss und Ihren Umsatz und helfen Ihren Teilnehmern zusätzlich mit einer gesteigerten Verbindlichkeit und der Weisheit der Gruppe. Gerade in Gruppen profitieren die Teilnehmer nämlich nicht nur von Ihrem Coaching, sondern vom positiven Druck, den sie verspüren, wenn noch andere Teilnehmer im Programm sind. Außerdem inspirieren und motivieren sich die Gruppen-Teilnehmer meist gegenseitig. Gruppen-Online-Coachings bieten Ihnen also die Möglichkeit, Ihr Business wachsen zu lassen ohne gleichzeitig einen übervollen Terminkalender zu haben und einen Burn-Out zu fürchten.

### GRUPPEN-GRÖSSE

Ihre erste Online-Coaching-Gruppe kann dabei aus zwei oder drei Personen bestehen oder bis zu 20 Teilnehmer haben. Die Gruppengröße ist abhängig von Ihrer Coaching-Erfahrung und Ihrer Möglichkeit, Ihre Zielkunden zu erreichen und für das Gruppen-Coaching zu begeistern. Je nachdem wie viele Teilnehmer Sie anstreben, wird die Coaching-Erfahrung für Ihre Teilnehmer sich selbstverständlich unterscheiden. Wenn Sie gerade erst mit Online-Gruppen starten, fragen Sie sich am besten, welche Gruppen-Größe Ihnen intuitiv zunächst passen würde. Fragen Sie sich zudem, welche Teilnehmerzahl Sie sich zum aktuellen Status Ihres Business zutrauen.

VERKAUF VON ONLINE-GRUPPEN-COACHING

Um Online-Gruppen-Coaching-Programme erfolgreich zu verkaufen, brauchen Sie entweder bereits eine entsprechende Community an Zielkunden, an die Sie dieses Angebot unterbreiten können oder die Gelegenheit Ihr Programm fremden Gruppen anzubieten. Ihre eigene ›Community‹ an möglichen Zielkunden umfasst dabei:

- Ihre bisherigen Kunden,
- Ihren E-Mail-Verteiler,
- Ihre Social-Media-Fans oder Social-Media-Gruppenmitglieder auf Facebook oder LinkedIn,
- Ihre Podcast- oder YouTube-Abonnenten.

Fremde Gruppen, denen Sie Ihr Gruppen-Coaching-Programm anbieten können, erreichen Sie über:

- Vorträge bei Netzwerk-Veranstaltungen,
- die E-Mail-Liste von Kooperationspartnern,
- Aktionen mit Verbänden oder Netzwerk-Treffen.

Es ist keine gute Idee sofort nach dem Start Ihres Business Online-Gruppen-Coachings anzubieten, da Sie dafür eine bestimmte Reichweite, die Sie sich über Ihr 1:1 Coaching und die in diesem Buch besprochenen Marketing-Aktivitäten aufbauen, brauchen.

In den meisten Fällen ist es zudem mit dem einmaligen Unterbreiten Ihres Gruppen-Coaching-Angebots an die verschiedenen oben genannten Gruppen nicht getan. Sie brauchen wiederholt die Möglichkeit, Ihr Angebot zu platzieren. Dazu arbeiten Sie zunächst wieder mit verschiedenen Frühbucher-Rabatten und einem konkreten Starttermin Ihres Gruppen-Coachings.

Wenn Sie dann einen gewissen Kundenstamm aufgebaut haben, können Sie dazu übergehen, Ihr Gruppen-Coaching jederzeit verfügbar zu machen. Zudem bieten Sie Ihr Gruppen-Coaching bis zum offiziellen Starttermin über vielfache Aktionen an, beispielsweise über:

- Vorträge, die sie ganz gezielt in die Frühbucher-Phase legen, um Erstgespräche daraus zu gewinnen,
- Webinare, bei denen Sie das Gruppen-Coaching als Lösung für eine konkrete Herausforderung anbieten und am Ende das Erstgespräch vermarkten,
- Online-Challenges in Ihrer Facebook-Gruppe, die zu Ihrem Gruppen-Coaching-Angebot passen, und bei denen Sie am Ende ein Erstgespräch anbieten,
- Sonderaktionen zu Erstgesprächen (beispielsweise ›Im nächsten Jahr endlich durchstarten‹ zum Jahresende),
- Videotrainings, bei denen Sie am Ende zum Erstgespräch einladen usw.

Die Vermarktung Ihres Online-Gruppen-Coachings ist im Grunde genommen Ihre Königsdisziplin. Sie haben zuvor zahlreiche Methoden angewandt, um Ihr 1:1 Premium-Paket zu verkaufen. Jetzt haben Sie genügend Methoden, um diese für den erfolgreichen Verkauf Ihres ersten Online-Gruppen-Coachings anzuwenden.

### TOOLS FÜR IHR ONLINE-GRUPPEN-COACHING

Während Sie für Ihre ersten Schritt in die Online-Coaching-Welt auf spezialisierte Coaching-Tools zurückgreifen können, brauchen Sie für Ihr Online-Gruppen-Coaching Tools, die das gleichzeitige coachen mehrerer Personen ermöglichen.

Dafür geeignet sind Online-Meeting Anbieter wie zum Beispiel Zoom, GoToMeeting oder auch Skype, wobei Skype hinsichtlich der Konnektivität am unzuverlässigsten ist. Die meisten Online-Coaches vertrauen aktuell auf Zoom. Damit können Sie sowohl Online-Meetings mit bis zu 100 Teilnehmern als auch Webinare mit über 1.000 Teilnehmern veranstalten. Zudem ist Zoom ein perfektes Tool, um Video- oder Podcast-Interviews aufzuzeichnen. Eine Liste aller empfohlenen Technik-Tools können Sie unter coaching-business-mastery.de/buchdownloads herunterladen.

# Zusammenfassung und Schluss

Obwohl das Coaching-Business immer noch das Image von brotloser Kunst hat, haben Sie heute zahlreiche Möglichkeiten, genau das Gegenteil zu erreichen und Ihr Coaching-Business profitabel zu machen. Damit einher geht die Möglichkeit orts- und teilweise sogar zeitunabhängig zu arbeiten, was das Coaching-Business für viele zum Traum-Business macht. Kein Wunder, dass nahezu jeden Tag ein neues Coaching-Business das Licht der Welt erblickt. Es ist nicht leicht aus der Masse der Wettbewerber hervorzustechen, aber es ist genauso wenig unmöglich. Was Sie dazu brauchen, ist das richtige Mindset. Entscheiden Sie sich für den Fokus auf Coaching, scheuen Sie sich nicht vor dem Anfangsaufwand, den der Aufbau jedes neuen Business bedarf. Erlauben Sie sich anzufangen und besser zu werden. Nehmen Sie Rückschläge als unvermeidbares Ereignis auf Ihrem Weg zum Erfolg wahr und lernen Sie daraus. Und vor allem: Zeigen Sie Durchhaltevermögen. Der Unterschied zwischen Erfolg und Misserfolg liegt in vielen Fällen allein darin, einmal mehr aufgestanden als hingefallen zu sein und durchzuhalten.

Das Coaching-Business ist ein Traum-Business. Sie helfen Menschen dabei, ihre Ziele zu erreichen. Oftmals in aussichtslosen Situationen. Das Feedback, das Sie dabei erhalten, ist aller Mühe wert.

Sorgen Sie darüber hinaus mit den Methoden aus dem vorliegenden Buch dafür, dass Sie auch materiell von Ihrer Arbeit profitieren. Coaching ist lebensverändernd. Zeigen Sie, dass Sie die Welt Ihrer Zielkunden mit Ihrer Dienstleistung ein erhebliches Stück besser machen können und tragen Sie dazu bei, dass Ihre Zielkunden glücklich sind.

# Literaturverzeichnis

Chandler, Steve/Litvin, Rich (2013): The Prosperous Coach – Increase income and impact for you and your clients, Maurice Bassett.

Härtl-Kasulke, Claudia (2017): Mein Erfolgstagebuch. Mit Illustrationen von Sabine Lemke, Beltz.

Hill, Napoleon (2019): Die deutsche Ausgabe von Think and Grow Rich – Die ungekürzte und unveränderte Originalausgabe von Denke nach und werde reich von 1937 (Übersetzung: Petra Pyka), FinanzBuch Verlag.

König, Eckard/Volmer, Gerda (2012): Handbuch systemisches Coaching, Beltz.

Limbeck, Martin (2018): Nicht gekauft hat er schon – so denken Top-Verkäufer, Redline Verlag.

Middendorf, Jörg (2017/2018): Der Coaching-Markt in Deutschland – Erkenntnisse aus der Coaching-Umfrage Deutschland (2002–2017), Büro für Coaching und Organisationsberatung, Teilnahme unter: coachingumfrage.wordpress.com [31.10.2019].

Neill, Michael (2018): Supercoach – 10 secrets to transform anyone's life, Anniversary, Revised, Updated, Hay House UK.

Stephan, Michael/Rötz, Christian (2018): Coaching-Marktanalyse 2016/2017 – Ergebnisse der 4. Marburger Coaching Studie 2016/2017, abrufbar unter: uni-marburg.de/de/fb02/professuren/bwl/bwl01/forschung/coachingstudie [31.10.2019]

Walker, Jeff (2014): Launch: An Internet Millionaire's Secret Formula to Sell Almost Anything Online, Build a Business You Love, and Live the Life of your Dreams, Morgan James Publishing.

**Kreye**
mini-handbuch **Profitables Coaching-Business**